山地数字农业实践

SHANDI SHUZI NONGYE SHIJIAN

崔晋波　查　茜　主编

中国农业出版社
北　京

内容简介

NEIRONG JIANJIE

本书立足于山地农业自然资源禀赋，讲述山地数字农业内涵及其发展意义，分析国外、国内山地数字农业发展的先进理论、做法和经验，从信息感知、智能分析、智能控制、智慧服务四个方面阐述山地数字农业发展关键技术，提出山地数字农业发展水平指标体系，以重庆为例梳理山地数字农业实践案例，最后，从未来角度，分析山地数字农业面临挑战及对策。本书以期为山地数字农业行业管理者、数字农业经营者、数字农业科技研究者提供阅读和参考。

编委会名单

前 言 FOREWORD

当今时代，数字技术、数字经济是世界科技革命和产业变革的先机，传统产业数字化转型是数字经济的主战场。数字农业是以数字化的知识和信息为关键生产要素，以数字技术创新为核心驱动力，与传统农业发展全过程深度融合，推动传统农业数字化转型，不断提高农业产业数字化、智能化水平，加速重构农业发展模式。

发展山地农业是实现乡村全面振兴、农业农村现代化的重要一环。山地发展农业自然禀赋相对薄弱，地形崎岖不平、地块破碎、规模化种植面积小、气候复杂多变，这些挑战催生了山地数字农业这一新兴农业模式，可为山地农业迎来一个更加智能、高效和可持续的未来。因此，如何立足数字农业的内涵外延和山地农业特征，吸取国内外发展数字农业的先进经验及启示，把握数字农业发展关键技术，构建山地数字农业发展水平指标体系，探索山地数字农业未来发展方向，显得极为重要。

本书主要依托国家数字农业区域创新分中心（西南）取得的阶段性成果，对数字农业内涵、山地农业特征、发展意义、国内外现状、关键技术、评价指标体系、重庆典型实践案例和面临的挑战及对策进行总结提炼，形成了一个集理论、技术、评价、实践于一体的创新成果体系。其目的是，一方面突破传统束缚，更好地汇聚山地农业发展的新思路、新观点、新举措；另一方面为山地数字农业行业管理者、数字农业经营者、数字农业科技研究者提供阅读和参考，不断推进山地数字农业发展。

习近平总书记指出："没有信息化就没有现代化"。我们要深入贯彻习近平新时代中国特色社会主义思想，抢抓数字农业发展机遇，勇担使命、勇闯新路、唯实惟先、善作善成，加快打造一批具有全国影响力的山地农业实践成果，努力为推进乡村全面振兴、建设农业强国提供更多具有辨识度的样本。

本书编写过程中，得到了行业主管部门、科研院所、高等院校和相关企业的大力支持和协助，在此表示由衷的感谢。不足之处，敬请广大读者批评指正。

编　者

2024年2月

目 录 CONTENTS

第一章

山地数字农业概述

第一节 数字农业的内涵

近年来，数字技术席卷世界，数字经济已经成为我国经济发展的重要驱动力量。中国信息通信研究院《中国数字经济发展研究报告（2023年）》显示，2022年中国数字经济规模达到50.2万亿元，一、二、三产业数字经济渗透率分别10.5%、24.0%、44.7%。同时《数字农业农村发展规划（2019—2025年）》提到，我国农业数字经济到2025年将达到农业增加值的15%。由此可知，农业虽借力数字技术有所发展，但农业数字化产值规模和数字化转型速度明显慢于二、三产业，我国数字农业尚有较大提升空间，数字农业发展潜力巨大。农业是我国国民经济第一大产业，作为国之基、生之源、民之本的基础性产业也必须与数字经济、数字技术深度有机融合形成数字农业产业，逐步迈入数字农业新阶段。

一、数字农业的定义

数字农业是信息技术在农业应用中的高级阶段，能带动传统农业转型升级，为农业高质量发展奠定基础，是我国农业现代化发展的必由之路，更是我国由农业大国迈向农业强国的重要方式。“数字农业”概念源自数字经济在农业领域的应用，最早是由美国科学院、工程院两院院士于1997年提出，指在地学空间和信息技术支撑下的集约化和信息化的农业技术。随着第四次工业革命来临，数字经济逐渐成为各国经济发展的新动能，数字农业就是云计算、大数据、区块链、AI等数字技术在农业领域的运用和渗透，包括农业要素、农业过程等的全面数字化。目前，学术界与产业界对数字农业没有形成统一定义。本书中的“数字农业”指将数字信息作为农业生产要素，用现代化的数字技术对农业生产要素进行创新匹配与融合，从而对农业生产、经营和管理实现全链条、全产业、全要素的数字化、信息化和网络化。数字农业的重点在于建立数据系统，通过数据的收集与分析在开放系统中鉴别、标识数据，然后形成参数、模型等，为生产操作和经营决策提供依据，实现更高效的农业生产经营。其中，农业生产经营数据的采集获取主要通过物联网、传感器、无人机、卫星图像等数字技术实现。

二、数字农业与智慧农业、智能农业、精准农业

过去的实践中，还有智慧农业、智能农业、精准农业的提法，它们有交叉的方面，都是科学技术不断发展的成果，强调经济、生态和社会效益的统一，旨在提高农业生产效率和质量，促进农业现代化发展。但从不同角度来讲有些微差别。

（一）数字农业与智慧农业

智慧农业其本质就是利用现代信息技术装备对传统农业进行全方位的改造升级，与数字农业在概念目标、技术应用和应用范围上有些差别。概念上，数字农业重在以数字形式实现数据信息的交换共享，智慧农业更加强调将现代科学技术（如物联网、人工智能、大数据）应用于农业生产全过程，以实现智能化的农业管理。技术应用方面，数字农业是将数字技术与农业各环节融合，通过监控设备和物联网传感器、无人机、卫星定位导航等数字设备收集数据，指导经营决策。智慧农业强调智能工具的运用，其涵盖了数据采集运用，并且更加依赖智能化系统和自动化技术。例如，自动化灌溉系统、智能化植保机器人、智能插秧机、无人旋耕机等进行智能操作。应用范围方面，数字农业多关注生产经营决策与管理的数字化、智能化和网络化；而智慧农业重在实现生产和管理的自动化和

精准化。

(二)数字农业与智能农业

智能农业与智慧农业都是依靠大量现代科学技术来实现，不同的是智能农业更强调运用技术手段实现自动化，它注重机器的智能化程度，从而实现更加高效精准的农业生产。智能农业是在相对可控的环境条件下，采用工业化生产，实现集约高效可持续发展的现代超前农业生产方式，是农业先进设施与陆地相配套、具有高度的技术规范和高效益的集约化规模经营的生产方式。不同于智能农业主要应用于生产方式、生产技术方面，重点解决农业生产环节中的科技难点，节约成本，提高效益，数字农业则是存在于农业发展的全产业链，为农业生产、运营、管理提供科学决策。

(三)数字农业与精准农业

精准农业又称为精确农业或精细农业，是以信息技术为支撑，根据空间变异，定位、定时、定量地实施精准操作，变量控制，包括变量播种、变量施肥、变量喷药等，更多强调运用信息技术改造农业的直接结果，实现精准化操作，是大农业中的微观运用。它是建立在农机硬件基础上的执行和操作系统，重点在于设备和设施操作的精准、智能化控制，以地理信息技术为主，是“硬件＋软件”的结合；而数字农业是包含地理信息技术在内的数字技术，核心是软件系统。精准农业是近年出现专门用于大田作物种植综合集成的高科技农业应用系统，而数字农业可适用于农田、农场等多领域和农业生产运营各环节。

总体来说，智慧农业是一个更广泛的概念，涵盖的范围和功能更全面，既包含数据采集运用，智能化设施设备，又涵盖了过程的精准管理和控制，还蕴含着未来不断迭代升级的趋势和可能。智能农业强调机器、器械的智能化，精准农业侧重操作的精准化，都属于农业的微观运用。本书中的数字农业涵盖范围虽没有智慧农业广泛，但运用于农业各环节，旨在通过数字技术获得的数据指导农业生产运营，是智慧农业的精细化发展。

第二节　山地农业的特征

山地因其独特的自然禀赋，农业生产具有多样性、分散性、滞后性特征，与平原地区相比，发展农业的条件存在先天不足。数字农业在山地的发展能够充分发挥山地自然优势，改变山地农业生产特征，将制约农业效益的“穷山”变成高效特色农业发展的“靠山”。随着数字农业的迅速发展，山地农业也逐步向数字化生产经营转型，山地数字农业将山区农业与数字经济技术融合，弥补山地农业的先天不足，改善原来分散、落后的农业生产经营模式，同时充分挖掘山地的资源优势，大幅提升山地资源利用率，利用农业生产多样性发展山地特色农业。

一、山地的自然禀赋

关于山地，按地质学范畴中地表形态高程和起伏特征定义为海拔 500 m 以上，相对高差 200 m 以上的高地，起伏很大，坡度陡峻，沟谷幽深，地质构造复杂，地貌破碎，一般多呈脉状分布。山由山顶、山坡和山麓三个部分组成，平均高度都在海拔 500 m 以上。中国是世界山地大国，山地面积约 622.39 万 km^2，约占陆地国土空间的 64.83%。总体可分为 6 个山地大区，包含 5 种不同山地类型。其中，低山丘陵区约占陆地国土总面积的 25.90%，集中分布在东北、东南和西南山地大区；中山面积占比约为 11.23%，主要分布在北部和西南山地大区；中高山面积占比约为 8.48%，主要分布在青藏高原山地大区的东部、北部边缘及西北山地大区的天山山系；高山面积占比约 15.09%，极高山面积占比约为 4.19%，二者主要分布在青藏高原山地大区。中国山地大区可进一步分为 37 个山系，这些山系作为自然资源的蕴藏与涵养地、生物多样性聚集区，巨大的资源供给、生态服务与调节功能承载着全国约 22%的人口和 15%的国内生产总值（GDP）。山地拥有丰富的自然资源，并在气候、水、土壤、生物等方面呈现独特的自然禀赋特征。

（一）气候类型

在气候上，受海拔和山脉地形的影响所形成的一种地方性小气候与海拔、气流、太阳的相对位置等，构成了山地不同位置的温度、湿度、风速、光照特点，气候立体特征明显。气温方面，山地的气温随着海拔的上升而有所下降。一般每升高 100 m，年均气温下降 0.6 ℃。如果海拔上升到 1000 m 以上，则气温下降就超过 6 ℃。山区的温度一般低于平原，高海拔的温度又低于低海拔，而且气温垂直递减率在一年中以夏季最大，冬季最小。此外，面朝南和面朝北的山坡温度差异，阳坡气温高，阴坡气温低。我国位于北半球，朝南面的山坡一般获得阳光的时间远远大于朝北面的山坡，南面山坡的温度高于北面。除此之外，山顶和山坡的气温日较差和年较差相对较小，秋温高于春温；山谷和山间盆地的气温日较差和年较差相对较大，春温高于秋温。湿度方面，水气压随海拔增加而降低。在多数情况下，山地上部因气温低、云雾多，相对湿度高于下部，但冬季高山区也有相反情况，山顶冬季云雾较少而相对湿度小。山谷和盆地相对湿度日变化大，夜高而昼低，午后最低。山顶相对湿度日变化一般很小。风速方面，随山地海拔升高而增大。山顶、山脊以及峡谷风口处风速大，盆地、谷底和背风处风速小。高山上风速一般夜间大，白天小，午后最小，而山麓、山谷则相反。山地还能产生一些局地环流，如山谷风、布拉风、焚风、坡风、冰川风等。光照方面，山地的抬升作用使得本来在较低高度流动的气流被抬升到较高的空间，再因温度的影响使得气流中的水汽变成了云。云的屏蔽作用使本来普照山地的阳光受到云的影响而减弱或者反射，这样能够照到地面的阳光就大打折扣。因此，山地的光照一般低于平原，光照时间短、光照度弱。山地地形通过对气温、湿度、光照、风等要素的影响而改变了纬度地带性，具有山地垂直地带性，丰富了气候类型，山地也因而出现自然景观的垂直分布变化。

（二）水资源

山地特殊的地质构造和地形在水循环、地下水方面都给山区带来了丰富的水资源并且水质较佳。山地复杂的地形，使得河流纵横交错，形成特殊的水循环系统。首先，山地不仅通过降雨、蒸发等过程，调节了地球的气候和环境，而且其高度差使得降雨在山体上长时间停留，形成蓄水能力较强的山地湖泊。其次，山地地形加速水的下渗和径流速度，使得山地有较强的排水能力。此外，地势较高的区域，气温低，被抬升的气流由于遇到高空的低温影响，一些水汽被析出，大气中的水汽凝结成雨水，最后变成降水回到地面，降雨较平原地区更加丰富，进一步增加了山区水源。山地是地球上最重要的淡水源地，它们的山脉和峡谷中蕴藏着丰富的地下水资源。这些水资源为山地地区的生物提供了生存的必要条件，也为人类提供了生活和生产的水源。除此之外，山地有较多的溪流、小河和瀑布，这些水体形成的水岩关系使得径流水量稳定、水质较佳。而平原地区因地势平坦容易发生积水和水污染。

近年来，中国山地河流径流量出现明显变化，水资源保障能力提升。据水文观测，2012—2021 年期间，大部分山区河流年径流量呈现增加的趋势，合计增加了 288 亿 $m^3 \cdot a^{-1}$，平均增加率为 4.45％。其中，长江上游宜昌站径流量增加幅度为 226 亿 $m^3 \cdot a^{-1}$；黄河上游潼关站径流量增加幅度为 81 亿 $m^3 \cdot a^{-1}$；淮河上游息县站径流增加幅度为 2.36 亿 $m^3 \cdot a^{-1}$；辽河上游铁岭站径流略有增加，增加幅度为 0.002 亿 $m^3 \cdot a^{-1}$。而且河流含沙量显著下降，水土流失防治成效显著，水质得到保障。2021 年的平均含沙量与多年平均含沙量相比，从 95％下降到 50％；与 2012 年平均含沙量相比，2021 年的主要江河含沙量也减少了 44％。到 2020 年，长江上游水力侵蚀面积较 2000 年、2015 年分别降低 11.87 万 km^2、7.3 万 km^2，分别下降 36.6％、35.52％，土壤侵蚀已由中度侵蚀下降到 2020 年的轻度侵蚀，水土流失已得到基本遏制。其他山区的水土流失面积和强度也均有不同程度的下降。

（三）土壤资源

随着山体海拔上升，气温随之下降，湿度随之上升，气候类型也发生相应改变，这些必然造成土壤性质的相应变化，因而产生垂直地理带，具有垂直地带性，其分布规律取决于山地所在的地理位置的生物气候特点，山体越高，垂直带谱的结构越复杂，越完整。垂直带谱也会因山体的大小和形状不同而呈现不同特点。孤山或者山体的面积较小，对区域气候影响较小，因而垂直结构比较简单，往往形成“圆锥式”垂直带谱。在形状上，如果是单面山，则出现一面垂直带谱。同时，山地有一定的坡度，山高坡陡，因此山地土壤侵蚀是绝对的，具有侵蚀性与薄层性。侵蚀的强度与植被覆盖度有关，植被一旦遭到破坏，土壤失去保护层，土壤侵蚀必然加剧。土壤侵蚀有三种类型：流水侵蚀、重力侵蚀、冻融侵蚀，其中以流水侵蚀为主。此外，山地土壤具有母岩继承性，由于山地土壤母质多为残积物和坡积物，母质来源比较单一；加之土层薄，因此土壤对母岩的继承性非常明显，即两者之间有“血缘”关系。南方温湿区的紫色砂页岩、玄武岩等钙质和矿物质营养丰富的母岩，温带半湿润区的花岗岩、流纹岩及微酸性母岩等风化而形成的山地土壤，往往都是名优产品的产区。

山地土壤的垂直地带性、侵蚀性、母岩继承性将我国山地的土壤分为四个主要类型：高山寒漠土壤、山地草甸性土壤、山地草原性土壤、山地森林土壤。一般将山地垂直带中森林带以上的山区称为高山区，其最上部为现代冰川，冰川带与森林之间的地带又根据海拔不同分为高山和亚高山两个地带。高山寒漠土壤是山岳冰川雪线以下，刚刚脱离冰川掩盖地区形成的新土，土壤质地较粗，砾石含量很高，有机质含量少。山地草甸性土壤位于中山山顶局部水湿条件较好的平缓部位，由于海拔较高，气温低，降水多，湿度大，无土壤侵蚀、水土流失，各种养分含量高，土壤潜在肥力较高。山地草原性土壤为旱生多年生草类组成，土壤反应呈弱碱性至碱性，并随深度增加而增加，土壤盐基物质丰富，交换性盐基呈饱和状态。山地森林土壤与湿润的气候和大量的森林凋落物、根系脱落物关系密切。按凋落物的分解程度又可分为粗有机质层和半分解的有机质层，淋溶作用强烈，土壤中盐基离子淋溶殆尽，土壤盐基饱和度低，呈酸性反应。在中国，森林土壤主要分布在东北和西南两个地区的山地。

（四）生物资源

山地的光照、热量、水分、土壤、生物等元素相互协调、平衡发展，形成一个稳定、可持续的生命共同体，为生物多样性的发展提供了坚实基础。山地地形的高低起伏，不同高度和坡度的地方会形成多样的生境类型，构造了丰富多样的生态环境，为各种生物提供了生存空间，栖息着近一半的陆地生物物种，包括各种各样的微生物、植物以及昆虫、鸟类、两栖类、爬行类和哺乳类动物等。随着高度的变化，温度、降水等气候条件会发生明显变化，气候多样性为山地生境的多样性提供了基础条件。从低海拔的亚热带雨林到高海拔的冰川草甸，从干旱的高山沙漠到湿润的高山沼泽，丰富多样的生境类型使山地成为众多物种的乐园。因此，山地的生物种类一般都要大于同纬度的平原地区。

山地是中国生物多样性保护的关键区域，是人类的“物种基因库”，涵盖78%的生物多样性保护极重要区、83%的生物多样性保护重要区。近十多年来，全国正式设立三江源、大熊猫、东北虎豹、海南热带雨林、武夷山5个国家公园，启动了10个国家公园体制试点。截至2020年，全国自然保护地总数量达到1.18万个，总面积超过180万 km^2，约占陆地国土面积的18.8%，超过联合国《生物多样性公约》设定的“爱知目标”；分布于山地的自然保护地数量约占全国总数的70%，面积占全国的65.3%。2010—2020年的10年间全国自然保护地面积增长了20.48%，其中山区的自然保护地面积约为117.5万 km^2，增加了14.4%。

二、山地发展农业的特征

山地气候条件特殊，立体气候明显，四季分明，温度、湿度要素差异较大，水资源丰富，土壤条件参差不齐，生物资源丰富。立足山地自然资源禀赋，复杂多样的生态环境，其农业发展具有多样性。同时，山地复杂的地形、陡峭的地势以及细碎化的土地，造成了农业发展的分散性与滞后性。

（一）农业发展的多样性

山地小区域差异非常明显，根据地形变化大和立体气候特征发展了不同类型的农业，相互间杂，可以充分利用合理布局农、林、牧、副、渔业。并且基于山地的垂直地带性特征，按一定规律由低到高相应呈现多层性、多级利用的立体农业。从不同坡度来看，坡度小于 25°可修筑梯田发展种植业，坡度大于 25°一般可发展林业或养殖业。从土壤条件来看，丘陵山区易水土流失，宜发展林业、草地；缓坡和平坦谷地，土层深厚，水土不易流失，宜发展种植业；地势低洼处，易积水，适合养鱼。由山顶至山谷，依次为用材林、经济林、果园或人工草地、农田、鱼塘。此外，种植类型方面，山地特色的生态资源环境与多样的地形和气候条件形成多样的生境类型，加之自然物种资源的多样性为发展特色农业提供了有利条件，相较于平原，可以更好地培育茶叶、花卉、果树、中药材等特色作物。

（二）农业发展的分散性

山地农业在生产空间上呈现高度分散化的特点。山地农业生态系统的脆弱性使得山地的人口承载力较低，山区居民在居住空间上呈现出高度分散化的格局，一般而言，山区人口密度总是远低于平原地区。居住分散的居民之间沟通交流很少，不能够互通有无，阻碍了农业合作化生产，甚至连农户的互助生产也很难实现。此外，山区独特的地形、地貌构造使得耕地零星破碎，成块的耕地很少，耕地的形状也极不规整，并且大部分耕地分布在缓坡、陡坡、丘陵和槽谷中；地块与住所之间距离也较远，农民会花费大量的时间在路途之中和转移作业场地的过程之中。土地的分散、细碎化，加之山区农户居住的分散性，势必带来农业生产经营的分散性，难以形成生产过程的分工和专业化。因此，农业发展分散的山地农业，其生产经营过程中也具有明显的小农经济特征。

（三）农业发展的滞后性

山地的自然限制比较多，部分地区不易蓄水、土地贫瘠，土壤条件只适用于少部分农作物生长。山地的坡度比较大，地势陡峭，坡度相对平缓的土地资源十分稀缺，普通的农业机械在山地不适用，因此多使用效率低的原始劳作方式，农业发展水平滞后。山地独特、复杂的地形和地理条件除直接影响农业发展外，还会对山区的社会经济和文化产生一定影响，从而形成山地农业发展的滞后性特点。首先，山地自然条件的限制带来山区地理上的封闭，交通、通信等基础设施极不完善，缺乏与外界沟通交流。山地农业处于整个区域经济系统的边缘，在很大程度上陷入了一种孤立封闭的自给自足状态。经济社会发展相对落后，大量劳动力向城市转移使得农业生产的劳动力呈现老龄化、妇孺化倾向。地理空间和经济空间的封闭约束下，产品市场信息、技术信息等流通缓慢，与市场连接不畅，影响生产经营决策而且不利于农业生产技术的提升、资源有效配置，农业科技应用水平低，从而导致农业生产水平普遍不高，经济收益很低。此外，封闭环境下的山区人民一般更为传统，保守性极强，且文明的开放程度随海拔升高而减弱。因而，他们多为以传统耕作方式为主的小农经营，缺乏数字技术相关知识，现代化作业水平不高。为提升山地农业资源利用率、农业生产率，亟须赋予科学技术的力量发展数字农业。

第三节　山地数字农业发展意义

新一轮科技革命和产业变革向纵深推进，数字经济加速向农业农村渗透。数字经济时代，山地农业通过搭载“数字化”快车，叠加大数据、物联网等数字技术的力量可以更好发挥山地农业发展的多样性特点，解决山地农业发展分散性与滞后性带来的问题，从而提高生产效率，保障质量安全，促进降本增收，进一步推动科技创新。以数字农业赋能引领山地数字农业发展，是进一步筑牢粮食和重要农产品保供基础、保障粮食和食物多样性安全的必由之路，是山地丘陵地区农业农村现代化的内在要求，有助于推动农业高质量发展，建设农业强国。

一、有效配置资源，提高生产效率

从数字作为生产要素的角度，这种新型生产要素具有易传播、可共享的特点，在高水平数字基础设施的支撑下，数据要素即时、快速传播，对其他要素效率具有倍增作用，使得传统生产要素更大价值地发挥，提升全要素生产效率。尽管山地农业中，人力和土地要素有限，但是数字要素的加入，使得山地农业朝现代化发展，劳动生产率不断提高，农业生产事半功倍，缓解山地耕地和农业劳动力资源缺乏对农业生产的影响。因此，数字技术对山地农业发展具有放大、叠加、倍增作用，山地数字农业对农业生产效率的乘数作用不断凸显。

另外，数字要素一旦在农业产业中形成现实的生产要素，与农业全产业链结合，将驱动农业的生产要素结构发生深刻变化，重构农业生产要素配置体系。数字要素促使全面普及的网络和广泛链接的信息节点与传统生产要素协调配合，激发农业要素流动性，帮助土地、劳动、资本、人才等要素和资源的有效重组和配置。山地生态资源复杂多样且气候变化多端，借助数字技术建立和完善相关物资人员数据库并及时检测更新数据，对山地各种资源及生产情况进行统筹从而提高资源利用率，提高农事管理效能和时效性。同时，数字经济的发展打通资源流动渠道，不仅方便原来分散经营的山区农户农业生产的资源流动，而且促使城市高素质人才、先进科学技术、社会财政资金等资源流向山地。因此，通过物联网、大数据、云计算、空间信息和智能装备等新一代信息技术要素与土地、水、劳动力、资金等传统农业资源要素的重新配置与融合，产生更高产、高效、优质、生态、安全的更具竞争力的新业态，在新的业态下生产效率得到极大提高。

二、实现标准生产，保障质量安全

随着人们生活方式、消费观念的转变，城乡居民对优质、绿色、安全、健康农产品的需求量进一步加大。在数字农业阶段，实现了农业生产智能化、标准化、精准化，在生产技术、生产环境、生产流程方面都形成标准。一是生产技术标准。建设数字化工厂与现代大棚，运用人工智能完成种植业从灌溉、施肥到采摘、运输的一条龙服务，畜牧业一体化楼房养殖模式和大数据精准自动喂养，无论是种植业还是畜牧业都能在标准模式下生产。二是生长环境标准。用数字技术手段进行生产，实现动物粪便自动化处理，实现动植物间的资源循环；信息技术监测可以定时定位定量在每一块土地上精准灌溉、喷药，减少农业面源污染，确保农业生产的土地标准。这些技术不仅是对生态的保护，在良好生态环境下生产的农产品，质量安全也更能得到保障。三是生产流程标准。在数字技术下，运用二维码、大数据、物联网、区块链等现代信息技术和全程品控溯源体系，实现从田间到餐桌的可视化管理，农产品都是经过一系列标准化程序生产，质量可追溯，安全得到保证。

除此之外，随着人民生活水平日益提高，人们对农产品的需求不再局限于解决温饱的粮食作物，对山地农业的特色农产品，如茶叶、水果、食用菌等农产品的需求增加。数字农业的发展以及对山地机械作业的难点攻破，有利于这些农产品和粮食一样得到全天候、全过程的耕、种、管、收监控，形成标准化生产，构筑安全可控的农产品透明供应链，实施农产品质量安全的全程可追溯管控，更好满足城乡居民多层次、个性化的食物需求，满足人们对美好生活的向往。

三、共享数据信息，促进降本增收

数字信息技术的发展，使得城乡数字鸿沟不断缩小。农村互联网服务水平提高，数字技术的效益辐射到山区农村，山区经济社会的封闭性因而降低，农业生产经营中可以通过数据共享、信息快捷传输，有效和市场对接，打通产销端的连接。同时，数据、信息的传输指导农户科学决策，优化农业生产，能够以较低的投入达到同等或更高的收入。而且，通过网络的连接，现代化的农业生产经营知识，现代化生产技术和智能机器设备的应用可以在家便捷、快速获取，有效盘活全国各地农业专家资源，实现生产技术的提升，促进农业生产降本增效。

一方面，利用数字技术和数据要素搭建高效的农产品供求信息对接服务平台，加快了农业信息化建设和数字化转型。信息和资源传输可以打破时间、空间限制，这种信息和数据的汇集以及交换共享有效降低了生产、交易成本。通过大数据技术构建农产品生产、价格、贸易、消费等方面的信息数据库和农产品信息权威发布平台对市场供需及时有效公开，以及生产计划、市场营销、供应链管理等方面信息的及时传播，提高了农业生产经营和市场对接效率，根据市场反馈优化生产，解决生产和消费端的信息不对称问题，避免盲目生产，破解“菜贵伤农，菜贱伤农”难题。而且，以信息技术为支撑，其监测体系可以定时定位定量在每一块土地上，精准灌溉、喷药，减少农业面源污染，调节对作物的投入，实现相关资源的合理减量投入，精准化种植，降低投入成本。另外，数字农业监测预警体系在农业自然灾害抗灾救灾、重大动植物疾病防控应急指挥等方面实时诊断、及时预警的能力，有效降低了农业生产中的损失。

另一方面，通过物联网传感器、无人机、卫星定位导航等数字技术，采集农田环境、气象信息等实时数据，作为生产决策的核心，指导农户优化生产、田间管理，基于数据分析，通过科学决策提升了农业生产过程管理的效率和实效性，提高生产收益，增加农业收入。另外，信息的打通，有利于提升山地农业劳动力综合水平，方便农户学习现代农业相关知识，提升技术水平，掌握智能农机操作方法，通过智能农机的运用，进一步提升劳动效率，提高农业收益。

四、推动科技创新，加速农业现代化

以数字技术应用为突破口，山地数字农业从适宜山地农产品与适宜山地地形两方面推动了数字技术在山地农业领域的创新。一方面，农业机械化和农机装备的提升是实现农业现代化、发展农业强国必不可少的支撑手段和载体。由于地形因素，山地的农业生产多在坡地，农业生产的耕、种、管、收等环节都比普通平原耗费更多时间与劳动力；而适应丘陵山地的农业智能机械将大幅提高全要素生产效率。但是，受自然环境、经济社会发展等条件限制，山区农机发展长期面临“无路可走”“无机可用”等问题。山地数字农业的发展则加快了科技创新步伐，丘陵山区农业装备重点实验室、智能农机装备创新研发平台等科研基地相继建设，构建完善山地农机化科创体系，不断加快攻克山地制约农业机械化全面全程、高质高效发展的技术难题。另一方面，山地生态资源丰富，垂直地带上农业呈现多样性，农作物生长性能、生长条件各异，多种资源有待开发或加强培育。新一代数字技术促进农产品多样性发展，因地制宜发展山地特色农业的需要推动适宜相关农作物生长培育技术的研发。

山地数字农业顺应农业科技创新发展大势，遵循山地农业发展特性在科技创新方面迈出新步伐，为丘陵山地粮食生产和特色产业发展提供装备支撑，加快山地农业设施设备智能化。农业科技创新在广度、深度、速度、精度上加速跃升，山地农业相关的新品种、新技术研发不断涌现，促进农业生产、收获、销售全产业链、全环节、全过程的智能化发展，促进我国农业现代化转型。

第二章

山地数字农业发展现状

第一节　国外数字农业发展先进经验及启示

利用先进的数字信息技术实现农业的跨越式发展是世界各国农业生产与决策部门的共识。目前，美国、英国、日本、欧盟等国家和地区的数字农业取得了较快发展，走在了世界前列，形成具有鲜明特征的数字农业发展模式。

一、美国

美国土地资源丰富，人均耕地面积可达 0.66 hm^2，是中国人均耕地面积的 6～7 倍，是全球人均耕地面积的 3 倍。但劳动力紧缺，地广人稀导致劳动力价格昂贵，为推动美国农业机械化、现代化发展，美国农业逐渐形成以科技代替人力的现代数字农业，利用物联网、大数据等技术开展的数字农业，处于世界领先地位。美国完善的农业信息基础为农产品全生命周期和全产业流程的数据同步和数据共享提供有力支撑，先进的数字技术对农业生产采取大数据分析，实现了农业经营效率的迅速提高。

（一）完善信息化网络基础设施

美国政府十分重视农业信息化网络基础设施建设，从 20 世纪 90 年代开始，每年拨款 10 多亿美元建设农业信息网络。迄今，已基本完成全国性基础设施的铺设，建成世界最大的农业计算机网络系统 AGNET。该系统涉及面广泛，覆盖美国本土 46 个州，经过多年发展，美国现已成为世界上农业信息化程度最高的国家之一。城乡信息基础设施的数字鸿沟是制约农业数字化发展的主要因素，美国政府于 2002 年就启动了旨在缩小数字鸿沟的农村宽带计划，并随着技术的变迁不断调整政策。2020 年初，美国联邦通信委员会（FCC）设立农村数字机会基金，目标是在 10 年内拨款 204 亿美元，支持美国农村地区的千兆宽带网络建设。到 2022 年初，该基金已经为美国 47 个州的宽带部署提供了 47 亿美元的支持，覆盖约 270 万个场所。随着农业信息网络建设，农村高速上网日益普及，实现了农业数据资源的社会化共享，减少了农业生产及经营风险，加速技术推广和在线应用。目前，美国 20%的耕地、80%的大农场都已实现通过普遍使用计算机及网络技术，及时、准确、完整地获得市场信息。比如密西西比三角洲地区的 4 个州内，有棉花协会、水稻协会、大豆协会等农业组织主办的 300 多家农业广播电台，每天分几个时间段向农户播报有关农业生产方面的信息，让生产经营者及时了解农业生产情况和问题，便于采取对策，优化配置资源，实现资源利用效益最大化。

（二）现代数字农业技术研发应用

美国数字农业发展建立在农业生产高度专业化、规模化、企业化的基础上，已经建成了完善的现代农业技术应用与管理系统。自 20 世纪 90 年代起，美国已开始应用数字农业技术，包括应用遥感技术对作物生长过程进行检测和预报、在大型农机上安装 GPS 设备、应用 GIS 处理和分析农业数据等，对大田作物进行生产前、中、后期的全面监测与管理。在 21 世纪初已经实现“3S”技术、智能机械系统和计算机网络系统在大农场中的综合应用，智能机械已经进入商品化阶段，如 John Deere 公司的“绿色之星”精准农业系统，是基于物联网技术与“3S”技术搭建的新型精准农业管理系统，用来进行精细农作、农机管理、农艺管理和计划管理，可绘制农场产量的“数字地图”，在机械化生产大农场中的市场占有率达到了 65%以上。在大数据、物联网等数字技术飞速发展的助推下，美国数字农业技术已与农业生产的产前、产中、产后形成紧密衔接，应用范畴覆盖从作物生长的微观监测到宏观农业经济分析。美国现代农业智能装备技术日趋成熟，农业决策支持系统得到广泛应用，有力地促进了农业整体水平的提高。美国农业装备迅速向大型、高速、复式作业、人机和谐与舒适性设计方向发展，美国农民可利用全球定位系统、农田遥感监测系统、农田地理信息系统、农业专家系统、智能化农机具系统、环境监测系统、系统集成、网络化管理系统和培训系统等对农作物进行精细化的自适应喷水、施肥和撒药。

二、法国

法国是欧盟内部最大的农业生产国，农业产量产值均居欧洲之首，也是世界第二大农业食品出口国。法国自然气候条件优越，适宜多种农作物生长，由于领土面积有限，农业经营模式主要为中小农场，“精耕细作”的经营模式促使法国数字农业发展水平不断提升。法国从打造“三位一体”农业信息化体系、建设农业信息数据库、重视农业全产业链的信息技术应用，加快实现本国农业生产的数字化转型。从数字农业发展的主体来看，政府发挥着举足轻重的作用，但同时应积极动员社会力量，充分利用社会资源。从数字农业发展过程来看，完备的数据库为进一步发展筑牢根基，全产业链全过程的数字化促进了农业生产价值倍增。

（一）打造“三位一体”农业信息化体系

法国政府、农业合作组织以及私人企业共同承担农业信息化建设，呈现出“三位一体”的特点，三方的分工各有侧重，农民可以根据自身实际需要选择适宜的信息技术支援。其中，法国政府占据公共农业服务的主导地位，收集汇总农业信息，定期公布农业生产信息，管控农产品流通秩序，根据市场价格提供最新生产建议。农业合作组织为生产者提供法律、农业科技、农场管理等领域的信息支持。私人企业是一个重要的补充力量，提供定制化服务，进一步提高农业生产效率。

（二）建设农业信息数据库

法国农业和食品部 2022 年 2 月公布了“农业和数字化”路线图，将数字技术列为 2022 年至 2027 年农业和农村发展规划的重点。经过多年发展，法国农业信息数据库已十分完备。从类别看，数据库涵盖农业各个领域，包括种植、渔业、畜牧、农产品加工等。从近年来的发展趋势看，一个集高新技术研发、商业市场咨询、法律政策保障以及互联网应用等为一体的“大农业”数据体系正在打造中。基础农业信息行情通过数据库在网络上共享，法国农民可以在详尽了解农业信息后，有针对性地及时调整农产品的类别与产量，以达到效率最大化。

（三）信息技术应用于农业全产业链

法国将数字科学技术应用于农业全产业链环节，充分发挥数字化独特优势，将法国农业从第一、二、三产业串联在一起，为农业利益相关者提供全流程的系统化解决方案，促进全产业链的功能价值提升。在前端，农业生产环节中，主要依托机器人和传感器两大智能设备，进行精准生产。在中端，通过利用数字科技打破时间地理的限制，促进农民、研究机构、企业之间的大规模数据共享、沟通交流形成高效化网络化的农业运营。在末端，丰富多样的数字化服务平台相继推出，通过互联网来进行农事相关活动，提供便捷化的平台服务。

三、德国

德国是全球农业现代化强国，是欧盟第二大农产品出口国。德国北部多平原，由于纬度较高、气候湿冷、热量不足，主要发展畜牧业；南部多山地高原，但纬度较低，所以在低海拔山谷地区发展种植业，在高海拔山地与高原发展林业与畜牧业，其总的特点是集约化、规模化以及高度机械化，由科技助推农业腾飞。因此，德国极高的农业生产效率与其发达的农业科技高度相关，政府主导大力支持农业科技研发应用，大型企业亦积极研发“数字农业”技术；另外，德国高质量的农业产业与其环保意识息息相关，实现高产丰产的同时，注重生态保护与可持续发展。

（一）政府大力支持技术研发与推广

德国农业科技含量较高，政府十分重视农业技术的研发与推广，农业信息技术、生物技术、环保技术等在德国广泛应用，把地理信息系统、全球定位系统、遥感技术等应用到大型农业机械上，在计算机系统的控制下，实施耕地、播种、施肥、喷洒农药等田间作业；在饲养的牲畜身上安装电子识别牌，通过电子识别牌获得动物饮食状况、产奶量等信息，从而有针对性地进行改良和改进。2017 年，欧洲农业机械协会（European Agricultural Machinery Association，CEMA）提出，未来欧洲农业的发展方向是以现代信息技术与先进农机装备应用为特征的农业 4.0（Farming 4.0）。德国制定《农业数字政策未来计划》，以抓住农业和数字技术两个高度复杂系统集成所带来的机遇，到 2022 年底，德国联邦食品及农业部拨出 6 000 万欧元用于农业部门的数字化和现代化建设。

（二）企业牵头研发“数字农业”技术

德国积极鼓励社会参与，由大型企业牵头研发“数字农业”技术，为农业生产者提供一系列的技术解决方案。德国软件供应商 SAP 公司推出了“数字农业”解决方案。该方案能在电脑上实时显示多种生产信息，如某块土地上种植何种作物、作物接受光照强度如何、土壤中水分和肥料分布情况，农民可据此优化生产，实现增产增收。德国农业机械制造商科乐收集团（CLAAS）与德国电信开展合作，借助“工业 4.0”技术实现收割过程的全面自动化。他们利用传感器技术加强机器之间的交流，以第四代移动通信技术作为交流通道，云技术保障数据安全，并通过大数据技术进行数据分析。德国电信推出了数字化奶牛养殖监控技术。养殖场安装的温度计和传感器等设备可以监控奶牛何时受孕、何时产仔等信息，而且信息将自动以短信形式发送到养殖户的手机上。德国拜耳公司投资 2 亿欧元支持数字农业布局，已在 60 多个国家提供数字化解决方案，并发布旗下 Xarvio 品牌推广数字农业，通过 Xarvio Scouring 识别系统高效识别和分析作物生长和病虫害信息，帮助农民优化田块单独管理和农田统筹优化。

（三）推行生态可持续发展模式

德国在大力推行数字农业，用科技助力农业生产经营的同时，注重采用环保种植方式，维持农业生态的良性循环，让农业生产在可持续发展中进行。德国农化巨头巴斯夫致力于提供种子、农药等生物解决方案，不断研发新型环保农药产品，在可持续发展农业解决方案领域处于领先地位。2021 年，巴斯夫研发出的最新成果——Axalion TM，凭借其新颖的作用机理，能够在避免对土壤、水生物或鸟类产生负面影响的情况下保证产量。化工和制药巨头拜耳凭借在发酵、配方、田间试验和种植者支持方面的核心竞争力，积极为种植者开发各种新型生物制剂，并持续生产世界领先的生物制剂产品，研发的 Serenade Soil Activ 是一款新型的生物农药制剂，不仅能最大限度地降低污染，还能提高种植者的使用便利性，降低单位面积农药施用量，是当前发展农业绿色生产的必备“神器”。

四、英国

英国是人口高度城市化的国家，农业劳动力数量少，但农业占据了英国领土面积的 70%以上，有大量的农田用于种植各种作物和饲养牲畜，农产品生产水平相当高。在欧洲和全球农业贸易中，英国具有较强的竞争力，处于重要地位，这得益于其技术发展。信息化技术推动英国农业向数字化、智能化、精准化的方向发展，进行现代科学的现代管理。不断完善数字信息基础设施建设，结合数字技术、传感技术和空间地理技术，以强大的数据搜集和分析处理平台为基础，通过大数据分析处理，助力更为精准地进行种植和养殖作业。

（一）完善数字基础设施

英国在农村地区实现宽带全覆盖，从 2019 年起投资 50 亿英镑启动千兆宽带项目，目前已将千兆宽带覆盖场所占比从 2019 年的 6%提高到超过 72%，农村地区信息化基础设施完备，互联网已实现基本覆盖，2025 年千兆宽带覆盖场所将继续提高至 85%，帮助广大乡村地区弥合数字鸿沟。在此基础上，精准农业技术得以实现在农业的全方位应用，如借助遥感技术进行作物生产监测与产量预报、农业资源调查、农业生态环境评价和灾害监测等。

（二）采用大数据分析决策

英国建立适当的平台和渠道将农业生产信息进行汇总和分析。2013年英国启动《农业技术战略》，该战略高度重视利用大数据应用，通过整合农业生产链条的数据，借助统计、建立模型和可视化智能分析等方式，确定提升农业生产效率的解决方案；建立以“农业信息技术和可持续发展指标中心”为基础的一系列农业创新中心，核心业务是搭建和完善数据科学和建模平台，以搜集和处理农业产业链条的所有公开的和初级的行业数据。如，英国Massey Ferguson公司研发的“农田之星”信息管理系统，借助传感识别技术和GPS技术能够更为精准地进行种植和养殖作业、数据记录分析和制定解决方案；智能机械基本装备卫星定位系统、电脑控制和软件应用系统，能够根据不同位置、不同质量的地块情形实现自动化、精准化、变量化作业，同时可以采集作物信息用以制作电子地图和调整生产策略。

五、荷兰

荷兰是典型的人多地少、可耕地面积贫乏的国家，却是世界人口密度最高的国家之一，其人口密度是我国的两倍以上，光照时间远低于我国的平均光照时间2 600 h。正因如此，荷兰利用科技力量大幅提高单位面积产量，竭尽全力提高现有土地利用率和农业附加值。荷兰的农业是一个资源密集型与知识密集型、技术密集型相结合的产业，具有世界领先的技术，应用现代科学技术突破生产瓶颈，赋能农业发展转型升级，完善的教育体系为数字农业发展提供高素质数字人才，促进荷兰农业发展，成为全球农业强国。

（一）深度融合现代科学技术

现代科学技术在荷兰农业发展中发挥着举足轻重的作用。荷兰农业将互联网、物联网、大数据、人工智能等新一代信息技术与农业生产经营各环节各领域深度融合，极大提升了农产品生产效益和国际竞争力。一是利用先进的玻璃温室技术打造现代化设施农业。荷兰玻璃温室面积达 1.1 万 hm^2，约占全世界温室总面积的 1/4。玻璃温室采用岩棉作为栽培基质，利用补光灯延长光照时间，克服地理位置因素导致的土地资源稀缺、光照和热量常年不足等问题。二是应用物联网等技术实现精准作业。荷兰的玻璃温室配备了高度自动化和专业化的光照系统、温控系统、灌溉施肥系统，全流程网络化管理，实时监控温室内的光照、温度、湿度和动植物生长情况，进行精准化滴灌和施肥，发挥现有资源的最大利用价值。三是多手段加持提高预测预警准确率。应用遥感卫星、数据分析等技术收集、储备、分析农田和农作物相关信息，为土壤保护和病虫害治理提供针对性建议。利用人工智能、大数据等技术预测天气变化、作物产量，以便农民提前应对。

（二）培养储备数字人才

荷兰重视人才的培养与教育，通过发挥高素质人才的力量助力农业高质量发展。首先，加大高层次人才培养力度。荷兰农业自然和食品质量部直接拨款成立瓦赫宁根大学，并引导、支持、促进其高质量发展和建设，使其成为欧洲农业方向最好的研究型大学之一，农业学科研究排名世界第二。以瓦赫宁根大学为代表的高校为中心，荷兰各类农业产业研究机构、企业试点发展智慧农业，创新研究农业基础技术，为荷兰农业发展源源不断提供高质量人才。其次，建立高素质农民教育体系。统筹利用各类教育资源，支持农民进行农业职业教育，包括农业相关的基础教育、职业技能教育、农业经营和研究等多方面，提升农民综合素质水平。最后，构建高效农业技术推广体系。加强对农业技术推广工作的组织和管理，各级农业推广部门协调配合，开展多元化推广服务，对新技术新应用进行普及推广、试验示范，提升农民劳动技能，激发农民种植积极性。

六、日本

日本人多地少、人口老龄化问题突出，人均耕地面积有限，农业以家庭经营为主，走适度规模经营、精细化的生产道路，即以微耕技术、精致农业为特色，以小规模精细模式为基础有机培育农产品，通过精细化工业种植、生态化生产，打造出高品质、高附加值、高端农产品的农场。在此背景下，小型智能装备迅速发展，“网络农场”应运而生。日本通过研发小型智能装备发展精细农业，利用互联网振兴农业，为数字农业建设完善的信息化体系。

（一）小型智能装备作业

日本小型智能装备业已经形成相对成熟的技术产品和商业化发展模式，这种农场强调精心包装、优质品种、细致管理以及先进生产管理模式，强调“大而专”，而非“大而全”。目前，精细农场拥有一整套相当成熟的种植规范，只要按照严格流程进行种植，即使是毫无种植基础的小农户，也能种出高品质农产品。在日本，一般农户全家只有2～3个劳动力，却拥有3.3～4.7 hm^2土地。每个农户都拥有所需农机具，如收割机、喷药施肥机、土地起垄机、产品清洗包装机等。这些农业机械设备并不大，对山地和丘陵都非常实用，而且灵活作业、使用便利。

（二）互联网振兴农业

日本政府十分重视农业信息化体系建设，注重对农村信息化市场规划和发展的顶层设计，以及农业基础设施建设，建立了完善的农业市场信息服务系统，比如农产品中央批发市场管理委员会建立的市场销售信息服务体系，以及日本农协自主建立的统计发布各种农产品生产数量和价格行情预测的系统；不断完善农业科技生产信息支持系统，并将信息技术作为载体在农业科技中推广应用。此外，日本还通过制定《生鲜食品电子交易标准》，建立了生产资料共同订货、发送、结算标准。2004年，日本将农业物联网建设列入政府计划，2014年启动实施“战略性创新/创造计划（Cross -

Ministerial Strategic Innovation Promotion Program，SIP)”，并于2015年启动了基于“智能机械＋现代信息技术”的“下一代农林水产业创造技术”。他们还用数字技术、传感技术和远程控制等技术建立个性化“网络农场”，消费者与农场签约租用地块，种植喜欢的作物，实时自主远程精准控制自有农产品的生产，并获得理想的农产品；农场职工根据不同消费者的指令负责农田的实际操作和经营管理，将收获成熟后的作物收割、打包，按时寄送到消费者家中。

从国外的经验看，数字农业发展需要完善的信息基础设施作支撑，构建农业数据体系，充分利用数据挖掘精准决策；结合本国国情，不断研发适宜数字技术，因地制宜发展数字农业。除此之外，政府从宏观角度进行调控管理，在政策、资金等方面给予大力支持和保障，培养和储备数字人才，为数字技术在农业领域的应用打造良好的发展环境。同时，积极鼓励社会力量注入数字农业发展，借助社会组织与大型企业的信息、技术、资本资源，进行数字农业核心技术研发及集成推广，形成政府和市场共同推进的数字农业建设体系。

第二节　国内山地数字农业发展现状及做法

数字农业是我国由农业大国迈向农业强国的必经之路。纵观全球，发达国家都将发展数字农业作为构筑农业现代化发展产业优势的方向，积极将数字技术与农业发展相融合，推进农业数字化转型。自20世纪末以来，我国日益重视数字农业发展，相关政策措施陆续出台，明确提出推动数字技术与农业生产经营管理等方面的融合。随着《数字农业农村发展规划（2019—2025年）》的发布，以及2021年和2022年中央一号文件明确提出开展数字乡村试点、实施数字乡村建设发展工程，我国数字农业也日益从顶层规划走向实践落地。

近年，随着核心关键数字技术攻关，我国数字农业发展取得了显著的成果。在数字化种植方面，建立了各大类信息资源数据库，如农业合作经济数据库、农牧渔业科技成果数据库等；建立了农作物模拟模型，如数字化玉米生长模型、作物精准施肥模型、小麦生育期模型等；利用“3S”技术持续开展作物宏观和微观监测；数字化装备、自动控制设计与制造技术取得显著进展，如温室自动控制技术已从“引进吸收、简单应用”到“自主创新、综合应用”；数字化成果的普及与应用日趋完善，在全国范围内总结推广了426项节本增效的物联网产品；数字化产业链发展迅速，2020年中国农业食品产业投资超过5 400亿元。在数字化养殖方面，养殖技术和装备不断升级，借助数字化技术养殖过程实现管理精细化、决策科学化，养殖形式呈现为精准饲喂、实时监控、健康防病、技术管理；养殖规模与效益不断增长，2020年，牧业中猪牛羊禽全年肉产量7 639万t，总产值40 266.67亿元，渔业产量6 545万t，总产值12 775.86亿元。但是我国现代养殖起步晚，较养殖业发达国家还有10～15年的差距。

2020年全国县域农业农村信息化发展总体水平达到37.9%，其中东部地区41.0%，中部地区40.8%，西部地区34.1%；全国县域农产品网络零售额为7 520.5亿元，占农产品销售总额的13.8%。一方面，我国的数字农业基础设施建设已经初具规模，2023年，已累计建成开通5G基站293.7万个，互联网普及率达76.4%。另一方面，我国数字农业应用日益广泛。农业农村部数据显示，2020年畜禽养殖、设施栽培、大田种植、水产养殖的信息化水平分别为30.2%、23.5%、18.5%和15.7%。虽然我国数字农业发展水平与美国、德国、英国等发达国家相比还存在差距，但中央和各省（自治区、直辖市）不断给予政策保障、财政支持，发展迅速。其中，重庆、四川、贵州、广西和甘肃等多山省（自治区、直辖市），因其独特的地形地貌特点，因地制宜发展山地数字农业，取得了一定成效。2022年我国数字经济规模达到50.2万亿元，第一、二、三产业数字经济渗透率分别为10.5%、24%、44.7%，同比分别提升0.4、1.2、1.6个百分点，尽管数字农业发展迅速，但起步较晚，相比第二、三产业，农业的数字渗透还有较大发展空间。

一、重庆

重庆市山地面积约6.21万km^2，占市域面积比重约为75.8%，丘陵占比18.2%，结合自身丘陵山地资源禀赋，现代山地特色高效农业初具规模，重点发展柑橘、榨菜、柠檬、生态畜牧、生态渔业、茶叶、中药材、调味品、特色水果、特色粮油等十大山地特色高效产业集群，已发展特色产业206.7万km^2、综合产值突破4 500亿元。

（一）重庆市数字农业发展概况

为落实党中央、国务院决策部署，重庆市持续深化顶层设计，近年来出台了一系列数字农业发展的政策文件，明确了目标，确定了实施路径。其核心路径在于，围绕现代山地特色高效农业，从基础设施大力推进，建立生产智能化、经营网络化、管理数据化、服务在线化的农业生产经营体系，以实现数字技术和农业生产的深度融合，促进农业农村经济高质量发展。2020年中央网信办会同农业农村部等有关部门推进国家数字乡村试点工作，补贴助推数字农业的推广应用，重庆市垫江县、大足区、渝北区、荣昌区、巴南区等5个区县成功申报该试点，在数量上处于全国领先水平。2022年，在以物联网、云计算、大数据、区块链、5G以及人工智能等新一代信息技术为引领的发展浪潮下，山地丘陵面积占比九成多的重庆颁布《重庆市数字农业农村发展“十四五”规划》，通过实施“智慧农业·数字乡村”建设工程，农业领域正加快数字化转型，山地农业通过搭载“数字化”快车，跑出数字农业加“数”度。2022年，全市建成市级智慧农业试验示范基地270个，建成5G基站15万个，农业农村信息化发展总体水平达43.3%，位居西部第一，农产品网络零售额增长到130.69亿元，年均增幅达到60%。

（二）重庆市数字农业发展主要做法

近年来，重庆市坚持研究开发、集成示范、推广应用相结合，围绕制约农业产业发展的问题，实施农业生产智能化、经营网络化、管理数据化和服务在线化“四大行动”，大力推广智慧农业新技术新装备，积极探索山地特色智慧农业应用模式，并通过项目实施，建成了一批智慧农业生产试验示范基地，农业生产经营主体管理能力、经营水平及信息技术应用能力大幅提升，农业数字化取得了较大进展，主要表现在以下 6 个方面。

1. 数字化体系建设不断完善

当前重庆市集大数据采集、分析和应用为一体的农业大数据体系已基本形成。一是以重庆市农业物联网平台为主体，全国农作物病虫疫情监测分中心、智慧农业等项目为载体，气候和土壤墒情传感器、视频监控等为终端的采集体系基本形成。充分利用物联网、智能设备、移动互联网等信息化技术和遥感、无人机等现代空间信息技术采集数据，基本实现了农业数据采集“天、空、地”一体化，数据采集效率和质量不断提高。数据归档系统、农业资源基础数据库建设不断完善，农业基础调查数据集中统一管理基本实现。二是以重庆市“三农”大数据平台和全国信息进村入户总平台（简称“益农服务网”）等为总揽的数据分析体系基本形成。针对数据采集环节所得到的大数据，在各个环节进行分布式存储和分析，对数据进行整理、加工，形成各环节的数据库，上层对各环节关键数据进行融合处理分析，全产业链数据存储分析系统的建设基本完成。三是生产、经营、管理和服务多方向的应用体系全覆盖。围绕全产业链各阶段需求，智能大数据模型研究有效推动，大数据技术服务与产业深度结合，面向垂直领域的大数据服务模式创新不断加快，大数据服务能力不断提升，例如渝益农（益农信息社）、农作物病虫害监测预警、农产品质量安全监管、动监 110 等。

2. 数字化应用场景不断丰富

目前，重庆市在生产智能化、经营网络化、管理数字化和服务在线化 4 个领域实现全覆盖，应用场景不断丰富。一是在市级层面上，以“三农”大数据平台为统揽，包含了新型农业经营主体、农产品加工、农产品市场、农产品质量等 20 个专题，已融合数据资源目录 310 个，数据指标达到 8 200 项，入库信息超过 8 500 万条，初步实现 120 个维度、68 种展现形式的分析工作，其中农产品质量安全溯源体系发展追溯点 2 100 余个，注册上线农业经营主体 1 000多家，初步实现国家、市级、区县和乡镇四级监管。二是在区县和经营主体层面上，通过淘宝、天猫、京东、拼多多等线上电商的网站、APP、微信公众号、抖音等多种服务和应用形式，种植、养殖、水产、农机等方面全面应用。三是优秀实践案例不断涌现。2017 年以来，重庆市 13 个案例分别入选农业农村部等大数据和数字乡村建设相关案例。此外，还有重庆 5G 智慧农业生产试验示范基地、大盛镇青龙村丘陵山地数字化无人果园等应用场景。

3. 数字化信息服务不断普及

重庆市涉农部门、经营主体不断普及数字化服务。一是信息进村入户全覆盖。通过线上“益农服务网”和线下“益农社”相结合，提供公益服务、便民服务、电商服务、体验培训等综合服务。重庆市已建成益农社站点 9 332 个，其中中心站 34 个、专业站 1 210 个、标准站 4 776 个、简易站 3 312 个，重庆市所有农村行政村（社区）基本覆盖。二是 12316“三农”信息服务全方位。12316 汇集了农业专家咨询、致富经验、市场资讯、价格查询及农业品牌等内容。三是智慧气象服务体系完善。目前已建成天枢·智能探测系统、天资·智能预报系统、知天·智慧服务系统和御天·智慧防灾系统，并形成四级预警工作体系，构建六级预警信息发布传播体系，预警信息基本上到村到户到人。

4. 大数据挖掘开发起步良好

重庆市深度挖掘数据资源，在数据研究、展示、应用等方面起步良好。一是应用研究取得成效。以市重点攻关项目“重庆市柑橘精准管理系统研究”、国家科技支持计划项目“柑橘营养诊断与高效施肥技术研究与示范”“柑橘非疫区建设”等为支撑，开发的单机版柑橘精准管理应用与示范系统受到专家们的高度评价，成果应用效果显著。这些成果的应用推广，为重庆市数字农业发展奠定了坚实的基础。二是农业数字化地图试点示范。实现高标准农田、设施农业用地、林地资源等一张图。重庆市农业科学院及江津、渝北、永川、垫江等区县探索“卫星遥感＋人工智能深度计算”模式，构建油菜、水稻等农业数字化地图，为农作物精准生产赋能。三是单品全产业链大数据建设试点推进。国家级重庆（荣昌）生猪大数据中心建设，忠县、奉节、潼南、江津、巫山等区县试点推进的柑橘、柠檬、花椒、茶叶、中药材、脆李等全产业链大数据建设，促进各类涉农数据统筹整合，农业科学决策管理能力持续提升。四是研发了部分农产品价格指数。当前重庆市已发布的潼南·中国柠檬、新华·奉节脐橙、木香、中国榨菜等价格指数，旨在客观反映相关产品价格走势，为市场提供定价参考与决策支持。

5. 数字化监督管理不断加强

重庆市在数字化监督管理方面取得了一定成效。一是行政管理平台数字化建设逐步强化。肥料登记审批系统和数字农药监管平台完善，基本实现种植全程肥料、农药的精准管控和农业投入品的安全追溯。渔船渔港动态监控管理系统异地容灾备份中心、农机购置补贴辅助管理系统、动监110指挥调度平台、智慧渔政视频AI预警处置系统等建设促进了管理数字化。二是监督管理功能逐渐完善。国家农产品质量安全追溯管理信息平台、全国农作物重大病虫监测预警信息系统、养殖场直联直报系统功能逐渐完善。三是市场监管不断加强。18个智慧农贸市场基本实现“智能监管实时动态＋电子支付全追溯＋食品检测远程监控＋商家信用等级全透明”监管。

6. 科技创新赋能数字农业发展

重庆市聚焦智能化与产业发展深度融合，按照“问题导向，应用示范”的原则，以产业链关键环节改造提升为重点，强化数字农业农村科技创新，整合科技资源和力量，大力推广智慧农业新技术、新装备，积极探索山地特色智慧农业应用模式。围绕粮猪菜保供产业和现代山地特色高效农业，开展丘陵山地智能农机装备、复杂气候地形农业遥感监测、图像识别与动植物生长模型研发等关键技术研究，截至2023年年底，全市已获批国家级重庆（荣昌）生猪大数据中心，国家数字农业区域创新分中心（西南），农业农村部西南山地智慧农业技术重点实验室（部省共建），多个特色品类国家数字农业创新应用基地。AI、5G、区块链等新型信息技术和农业机器人、智能农机等创新技术成果逐步投入数字农业建设。

二、四川

四川省是农业大省，在全国农业生产版图中占有重要位置，是全国13个粮食主产区之一，也是全国重要的蔬菜主产区。四川省以山地为主，丘陵、山地分别占全省行政区域面积的11.03%、79.52%，林牧地集中分布于盆周山地和西部高山高原，占总土地面积的68.9%；耕地集中分布于东部盆地和低山丘陵区，占全省耕地的85%以上。因此，四川省农业多发展山地农业，是全国丘陵山地农业机械推广应用大省，2022年，四川省年末农业机械总动力4 917.7万kW，同比增长1.7%，农业机械化程度进一步提升，与2011年相比，增长了1 491.6万kW，增幅约为43.54%。

（一）四川省数字农业发展概况

近年来，四川省加大财政投资力度，本着“面向应用、突出重点、分步实施”的原则，以“网络农业”和“智能农业”等内容为切入点，通过组织实施农业信息网电子商务示范工程、智能化农业信息技术应用示范工程、农产品质量信息追溯平台建设等，推动了四川数字农业的发展，初步构建了四川数字农业的技术框架。印发实施《四川省“十四五”数字经济发展规划》《四川省“十四五”农业农村信息化发展推进方案》等政策文件进一步加快农业农村数字化进程，2021年，农业科技进步贡献率60%，2022年，农产品网络零售额441.8亿元，同比增长14.5%，累计建成5G基站12万个。

（二）四川省数字农业发展主要做法

以“三品一标”为重点的四川农产品质量安全溯源体系建设，一直走在全国前列，截至目前，已有132个县512家企业（合作社）的2 986个产品进驻系统，使用追溯码1.03亿张，接受网上查询125万人次。四川省农业科学院、四川省畜牧科学院等科研单位，四川省金翼数字化农业科技开发有限公司、四川大地数字农业有限公司、成都国田数字农业发展有限公司等农业公司在推动四川数字农业的发展中发挥了重要的积极作用。如，四川省农业科学院遥感应用研究所（农业部遥感应用中心成都分中心）作为国家3大农业遥感分中心之一，以开展西南地区土地资源调查、农作物产量预测预报、遥感动态监测、水土流失监测等方面的应用研究以及农业遥感应用技术培训等为主要任务，负责西南地区主要农业作物和农业资源遥感监测，目前已完成“成都市粮经复合型现代化农业科技示范——农业信息化技术集成展示与平台建设”“四川省粮食丰产数字化管理技术示范研究”等重要工作。四川省金翼数字化农业科技开发有限公司与浙江省丽水市农业科学研究所合作，积极转化“智能化植物非试管快繁育苗技术”，该技术是计算机智能控制技术与现代生物技术有机结合的农业高新技术，即运用计算机控制为植物繁殖材料创造最适宜的温、光、气、热、营养、激素环境，发挥植物的最大生理潜能，使植物的生根基因尽快表达。在各地纷纷推进数字农业发展工作中，成都、绵阳、攀枝花等地成效较为突出。

1. 成都市数字农业现状

目前四川已在成都市邛崃建立了四川省粮食丰产数字化管理技术示范区，该示范区主要运用现代数字化作物管理技术，研究建立作物生产基础农情信息管理系统；发展水稻和小麦作物栽培管理知识模型算法，建立基于农情信息的作物生产方案设计技术；开发作物主要生长指标的实时诊断与动态调控技术；提出作物综合生产力的定量预测与分析评价技术，进一步集成建立数字化农作物技术平台，大幅度提高作物生产管理的智能化水平及核心竞争力，从而取得显著的经济、社会和生态效益，为推进和实现作物精确栽培与数字栽培，保障全省粮食安全，促进农业可持续发展等提供定量化和现代化技术支撑。同时，成都市蒲江县高度重视互联网信息技术在农业领域的应用，大力支持农业产业化龙头企业开展数字农业建设试点，将信息技术应用于农业生产、经营、管理、服务等各个领域中。目前，四季阳光味道果业有限公司通过结合物联网建设，整合种植环节数据，已在蒲江建立了农产品（水果）可追溯体系（图2-1），从源头把控质量安全。即生产端从记录原料批次开始，将水果入库、出库、分选、装箱等所有操作信息全程记录，同时确保信息能够准确无误地传递到销售端，政府监管部门以及消费者均能够通过每个果箱上的二维码查询到产品信息。该公司依托自有水果种植示范基地，建立了集成互联网、物联网、无线通信和云计算等技术于一体的智慧物联系统，实现了大数据综合管理；建立了农产品信息化仓储管理系统，实现农业生产的可视化管理；建立了智能仓储管理系统，实现精准物控。

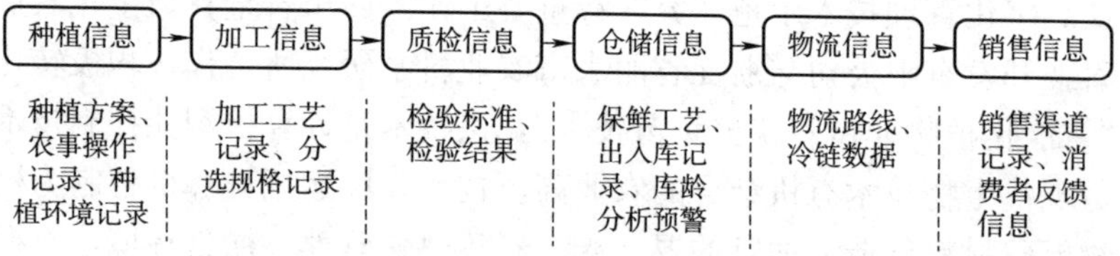

图2-1 全产业链信息记录流程图

2. 绵阳市数字农业现状

绵阳市高度重视绵阳农业信息社会化服务体系建设，早在1996年就开始通过拨号上网，连接中国农业信息网、因特网（Internet）收集信息，建设绵阳市农业信息服务网络。2000年10月，开通了绵阳农业网站，利用宽带网络实现24h不间断上网浏览信息。2001年10月，又对绵阳农业网站进行了全面改版，设立无公害农产品、农业产业化、信息服务、农业工作等十大栏目，社会服务功能大大增强，信息传递更加快捷，通过网络传递交换文件、信息，实现市县办公自动化。2001年下半年，将县级农业信息服务平台纳入议事日程，2003年7个县（市、区）先后建成自己的虚拟网站。在建好县级平台的同时，结合全市乡镇党政网、农经网建设，农业信息服务体系向乡镇延伸，现已建立乡镇信息服务站150个，发展农村信息员240人，产生了巨大的社会经济效益。

同时，近来绵阳市以中国科学院地理信息产业发展中心和绵阳师范学院数字化与资源环境信息技术重点实验室为依托单位，成立了绵阳市农业资源与环境信息系统建设项目组，建立了绵阳市农业资源环境信息系统（又称绵阳市农业地理信息系统，MY—AGIs）。该系统以计算机网络技术为基础，以遥感技术（RS）、地理信息技术（GIS）、全球定位技术（GPS）等现代信息技术为支撑，将区域内与农业可持续发展相关的基础地理信息、资源信息、生态环境与社会经济信息、遥感调查信息，按国家行业标准建立海量空间数据库，以实现农业信息采集、处理、管理、发布、预告、决策为一体的高新技术信息系统。

3. 攀枝花市数字农业现状

攀枝花市通过人工智能技术与知识管理的思想，开发了知识获取与服务平台（Kasp），用它在互联网上建立知识门户，提供农业知识及技术的服务；研制了电视电话交互服务平台（T2isp），将智能农业服务以更有效的方式向农村渗透；针对目前农业科技信息化的发展思路，提出了协同工作网络的设想，即通过互联网（包括无线互联）将农业科技人员、农业科技管理人员与农业生产者有机地统一起来，共同为农村的富裕与发展出力。

三、贵州

由于地质时期的沉积作用和造山运动的影响，贵州的地貌以山地和丘陵为主，平原面积相对较小。贵州省的土地面积中，山地面积高达92.5%，这使得贵州成为中国乃至全世界山地最多的地区之一。由于特定的地理位置和复杂的地形地貌，贵州的气候和生态条件复杂多样，生物资源种类繁多，植被丰厚，立体农业特征明显，农业生产的地域性、区域性较强，因此贵州省大力发展现代山地特色高效农业，坚持以高质量发展为统领，围绕“三大体系”加快建设现代山地特色高效农业强省，农业经济发展成效显著；坚持实施山地农机化攻坚行动，被农业农村部纳入“丘陵山区适用小型机械推广应用先导区”。

（一）贵州省数字农业发展概况

贵州省政府出台《贵州省发展农业大数据助推脱贫攻坚三年行动方案（2017—2019 年）》《贵州省“十四五”推进农业农村现代化规划》《关于推动数字经济加快发展的意见》等政策文件推动省内数字农业发展，通过数字技术为农业生产生活注入新动能，利用省农业大数据中心、省农业“一张图”平台，完善和提升农业信息化服务，构建覆盖生产、经营、管理、服务等环节的山地特色高效农业大数据体系，实现“一网采集、全域使用”；推进湄潭茶叶、松桃蛋鸡、修文猕猴桃、安龙食用菌等数字农业试点，打造一批数字农业创业应用推广基地；加快现代信息技术应用，推进生产管理数字化，推动数字田园、数字牧场、数字渔场建设，加强智能感知、智能分析、智能控制技术与装备在种植、养殖等方面的集成应用，提高农业生产经营智能管理水平。2022 年，农产品网络零售额 58.63 亿元，同比增长 34.48%，累计建成 5G 基站 8 万个、数字农业示范基地 3 个以上。2023 年，全省试点地区农业生产信息化率达到 32.9%，到 2025 年，全省将建成 18 个数字农业示范点和 36 个智慧农业示范点，全省大数据与农业深度融合发展水平指数达到 45，进一步提高农业生产经营智能管理水平。

（二）贵州省数字农业发展主要做法

2022 年贵州省颁布《“十四五”现代山地特色高效农业发展规划》大力发展山地特色高效农业，2023 年贵州省立足国发〔2022〕2 号文件赋予贵州“数字经济发展创新区”的战略定位，发挥全国首个大数据综合试验区的优势，主要从数字基础设施、农业产业链、数字化转型支撑的服务生态、人才支撑体系几个方面改善，以数字经济推进农业现代化高质量发展，依托大数据发展优势，贵州省各地的农业生产中，越来越多的数字技术贯穿耕、种、管、养等各个环节，助力现代山地特色高效产业发展与现代农业提质增效，建设现代山地特色高效农业强省。

1. 强化山地特色高效农业数字基础设施建设

加快 5G 网络规模化部署，增强网络互联互通能力，优化网络和应用服务性能，持续实施“万兆园区、千兆城区、百兆乡村”工程，推动乡村信息基础设施能力再升级。加强农业物联网研发运用，为作物生长的气候、水、土、光、肥等的监测和农产品加工及追溯等智能化农业打牢基础。加速空间信息基础设施升级，提升卫星遥感、卫星导航定位系统的支撑能力，为农业的气候预测、无人机播撒等数字农业实施夯实基础。

2. 推进山地特色高效农业产业链的数字化转型

在产前的选种、育种和产量决策阶段，运用大数据、云计算等数字技术对全国乃至全球的市场信息数据进行收集与分析，预测可能的产量、品种及市场需求量，为农业经营主体选择种植、养殖品种及其产量提供决策指导，找出优良种子的基因序列、筛选优质种子并选择最适宜的生长条件；在种植或养殖生产环节，可运用遥感和卫星导航等技术进行气候预测、无人机播撒，运用物联网和人工智能等技术进行光照、温度、湿度、酸碱度等的自动监控与调节和植物的自动灌溉、精准施肥，实现对动物生长的全过程监测，对动物的健康状况、病毒预防实现智能监控，实施自动喂养、喷洒消毒与防疫；在农产品加工环节，建设数字化生产线和无尘车间，实现原料自动清洗、加工及包装，以及产品质量的监测检查；在营销和物流环节，运用云计算和大数据等技术，分析市场竞争态势，帮助企业进行品牌定位、价格制定、品牌传播，开展线上精准营销、智慧物流、智能检索、机器人在线服务等，实现农产品的全程可追溯。同时，研发适宜于贵州山地耕作特征的智慧农机，为山地特色高效农业的机械化、自动化、智能化生产打下坚实基础，以及通过数字化重塑特色农业生产的组织形式，在分散的小农户与合作社或龙头企业之间形成紧密的信息、技术、利益联结。

3. 加强培育山地特色高效农业数字化转型的服务生态

依托12个农业特色优势产业集群、农业产业园区、特色产业示范基地等建立若干公共数字化转型促进中心，开展特色农业数字化服务资源衔接、优质解决方案推广、企业人才培养、转型经验交流等公共服务；因地制宜，探索搭建数字化转型供需对接平台，建设综合测试验证环境，加强数字化转型中的产业共性解决方案供给；根据12个农业特色优势产业的具体特点，推进搭建产学研平台，筹建全产业链的技术咨询、专业培训以及产供销数据信息共享的行业信息平台。

4. 完善山地特色高效农业数字化转型人才支撑体系

推动省内传统涉农大中专院校对专业设置、教学内容、教育模式进行创新改革，引入数字化农业人才培养机制，致力于培养既懂农业又懂数字技术的交叉复合型人才；鼓励高校与行业企业、科研院所深度合作，搭建产学研合作平台，组建和培养特色农业数字化转型专业人才，鼓励企业与高校或科研院所建立订单式的人才培养机制，为贵州山地特色高效农业数字化转型服务。

四、广西

广西农业发展的资源丰富、条件优越，农林牧渔业总产值多年稳居全国前十，是全国重要粮食产区和产销基本平衡区，亦是全国有名的“糖罐子”“菜篮子”“果盘子”“肉案子”。广西地貌类型以山地丘陵为主，山地、丘陵面积占总面积的76.54%，也是典型的山多平原少的省区，拥有耕地面积330.76万hm^2，位于2°～6°坡度（含6°）的耕地69.76万hm^2，占21.09%；位于6°～15°坡度（含15°）的耕地787.23万hm^2，占15.86%；位于15°～25°坡度（含25°）的耕地16.66万hm^2，占5.04%；位于25°以上坡度的耕地15.69万hm^2，占4.74%，基于多山的现实情况，广西积极打造高山农业，拓宽绿水青山转化金山银山的路径。

（一）广西壮族自治区数字农业发展概况

近年广西壮族自治区农业数字化转型稳步推进，发布《广西数字农业发展三年行动计划（2018—2020）》《广西数字经济发展三年行动计划（2021—2023年）》《广西加快数字乡村发展行动计划（2019—2022年）》等政策文件，大力发展数字农业，推进物联网试验示范和遥感应用，推动互联网、大数据、人工智能与农业深度融合，建设智慧农业园（点）465个、农业大数据云平台30个、全产业链智慧种养规模项目65个，6个县区荣获全国县域数字农业农村发展先进县，建设48个“广西好嘢”品牌农产品数字化产地仓。2022年，农产品网络零售额65.9亿元，同比增长13.6%，累计建成5G基站6.7万个。

（二）广西壮族自治区数字农业发展主要做法

近年来，广西紧紧围绕“互联网＋现代农业”，以建设智慧农业为目标，以广西农业云平台和广西农业农村大数据中心建设为核心，大力发展数字农业，实施智慧农业工程，积极推进物联网、大数据、“3S”技术等信息技术的融合与应用，积极开展智慧农业试验示范，涌现出了“葡萄管家”、桑蚕智能养殖、捷佳润“蚂蚁数据农场”等一批物联网新模式，同时鼓励企业积极研发数字农业相关技术，以信息化、数字化改造传统农业，智慧农业发展成效初显。除此之外，广西积极与其他省份合作，互相借力扩宽市场，鼓励加强产学研结合，加快数字农业转型升级。

1. 打造数据平台提高经营管理水平

广西打造“广西农业云”，在全国率先建设广西农业大数据中心，大数据管理平台通过抓好顶层设计、标准制订、支撑系统建设、数据资源整合、数据采集监测、数据分析应用、完善信息共建共享，建立农产品价格采集点，对农产品的产地和批发市场价格进行采集、监测及预判，为管理部门和生产者准确把握市场走势、合理调整种养结构提供参考，积极推进大数据、云计算、人工智能等在农业全产业链的应用，实现了“互联网＋”与农业生产、经营、管理、服务的有效融合，农业生产智能化水平不断提高。

2. 鼓励企业以信息化推动数字农业发展

广西慧云信息技术有限公司自主研发的智能识别引擎“耘眼”，可实现作物病虫害自动化识别、作物生理状态识别、作物产量快速预估等场景应用，为南宁5G＋精准种植应用打下坚实基础；同时，结合慧云5G消息服务号打造“5G消息一站式”服务平台进行智能识别和科学计算，农户可通过平台查看农场实时状况，获取最科学合理的植保方案，用药方案以及线上1对1咨询的实时指导方案。在广西，慧云信息、捷佳润、华胥水牛生物等一批本土信息技术企业，在政策支持下，以信息化、数字化推进数字农业、智慧农业在传统产业落地，改造提升传统产业，开拓了农业农村信息化发展的宽阔大道。

3. 与广东省合作进行智慧农业试点示范

广西因势利导，与广东省签订《广东—广西“十四五”时期粤桂协作框架协议》，为贯彻落实协议精神，两省市相关区县研究制定发展评价指标体系、持续开展数字乡村试点工作，联手打造了广西忻城甜糯玉米产业智慧农业样本。通过自动采集数据设备，借助数字信息技术，对产品的种植生产、加工检测、品牌等进行系统化升级，打造了智慧农田基地、品控溯源体系，实时监测玉米地的气象、土壤、水肥、病虫害情况等，有效节约水肥资源、减少农药使用，降低人工成本；从种植生产到包装销售全流程构建一套专业化产销体系，提高忻城甜糯玉米的品牌知名度，提升产品效益。

五、甘肃

甘肃是中国多山的省份之一，拥有丰富的山地地形，全省山地和丘陵占总土地面积的78.2%。在自然生态条件较好的山地区域，甘肃省通过设施化、机械化、智能化等技术手段发展立体农业，现有陇东南山地特色农业，走“山地特色”之路，如大力发展药材、夏菜等特色农产品，甘肃是全国药材主要产区之一，现有药材品种9 500多种，居全国第二位，目前经营的主要药材有450种；高原夏菜面积产量位居全国第一。

（一）甘肃省数字农业发展概况

近年，甘肃省颁布《甘肃省“十四五”数字经济创新发展规划》《甘肃省“十四五”推进农业农村现代化规划》等政策文件持续推动大数据赋能农业，深入推进农业数字化转型。根据《甘肃省“十四五”数字经济创新发展规划》统计数据，到“十三五”末期，全省14个市（州）实现主城区5G网络覆盖，5G网络人口覆盖率达到24%以上，农业数字化厚积薄发，2022年累计建成5G基站3

万个。2022 年全省农产品网上销售 251 亿元，同比增长 11.06%。目前已建成覆盖全省 14 个市（州）733 个乡（镇）的农产品质量安全信息追溯体系。

（二）甘肃省数字农业发展主要做法

甘肃省在数字赋农、强县域、推进乡村振兴建设方面进行了不少积极的探索和尝试，依托数字技术量身定制数字化平台，有力推动了农业生产管理精细化、要素配置精准化、技术服务信息化和产品销售网络化，为山地数字农业发展提供了经验借鉴。

1. 陇南市两当智慧蜂业平台

为把资源优势转化为经济优势，两当县委、县政府坚持因地制宜、精准施策，立足各乡镇不同的资源禀赋和功能定位，以产业基地建设为中心，辐射带动全县特色山地农业产业持续蓬勃发展。通过“互联网+智慧中蜂养殖”打造智慧蜂业平台，集实时监测与远程监控、产品安全溯源、远程培训、互动交流、远程疫病诊疗、蜜源分布统计、养蜂求助救援等功能为一体，加快推进中蜂产业向数字化、信息化、自动化、产业化发展。截至 2022 年年底，两当县发展中华蜜蜂养殖 7.86 万群，蜂蜜年产量 800 t。

2. 张掖市肃南云端牧场平台

肃南县培育的甘肃细毛羊是我国第一个高原细毛羊品种和甘肃省培育的第一个家畜品种，该县创新打造甘肃省首个全域智慧化“共享牧场”示范项目，探索建成“生态养殖、放牧体验、远程可视、休闲养生、观光旅游”为一体的共享牧场 7 个基地。依托现代物联网、大数据、云计算等新技术，拓展生态产品价值实现路径，采取线上线下相结合的模式，做好云平台试点试运行工作，不断推动生产智能化、经营网络化、管理高效化、服务便捷化；通过架设在牧场的智慧捕捉摄像头和羔羊佩戴智能追溯项圈，着力打造绿色、生态、无污染的智慧散养牧场，消费者在微信小程序认养一只羊羔，就能坐在家里，通过手机 24 小时察看羊羔生长过程，在都市足不出户就能轻松做个“牧羊人”，感受草原生活。至目前，“共享牧场”云端销售羔羊达到 2 600 多只。

3. 敦煌市“三位一体”数字平台

甘肃省结合敦煌市实际情况，聚焦农村产业发展短板问题，紧紧围绕生产合作、供销合作、信用合作，推广应用“三位一体”数字平台，包含一个平台，一个管理和展示中心，一套人才培训系统，以数字化手段助力“三农”发展，依托融媒体平台达成“三农”数据沉淀和展示目标，通过云培系统提供数字化人才培育通道。平台上既有常规种植技术，又有特色林果标准化生产技术，还有畜牧养殖技术，通过“三位一体”数字平台向村民推广标准化种植和养殖技术，村民可以在线学习提高种植和养殖水平。同时，通过农业资讯功能和平台电商培训等功能，村民借助网络渠道销售农产品，拓宽村民增收渠道。“三位一体”数字平台将整合全国范围内最优质的“三农”服务资源，为老百姓提供线上融资、农资、信息等全方位的服务，进一步释放“数字红利”，不断增添乡村经济新活力。

第三章

山地数字农业发展关键技术

第一节　信息感知技术

一、环境信息感知技术

农业生产环境数据获取是指对与动植物生长密切相关的空气温湿度、土壤温湿度、营养元素、CO_2含量、气压、光照等环境数据进行动态监测、采集，主要依靠农业智能传感器技术、遥感技术（RS）、地理信息系统（GIS）、全球定位系统（GPS）等。

（一）传感技术

随着多学科交叉技术的综合应用，光纤传感器、MEMS（micro-electro mechanical systems）微机电系统、仿生传感器、电化学传感器等新一代传感器技术以及光谱、多光谱、高光谱、核磁共振等先进检测方法在植物、土壤、环境信息采集方面广泛应用，农业生产环境数据的精度、广度、频度大幅度提高。与此同时，传感器终端的成本逐渐降低，大范围、分布式、多点部署成为现实，数据量呈指数级增长。

1. 温湿度传感器

温湿度传感器是当前数字农业中应用最多、最广泛的传感器，能对农业环境的温湿度进行有效检测，目前主要被应用于温室大棚、土壤、植物叶面、蔬菜与水果储藏等温湿度的检测中。现有温湿度传感器主要包括空气温湿度传感器和土壤温湿度传感器。其中空气温湿度传感器多安装于温室大棚和空气流通的畜舍中，能对大棚和畜舍中的温湿度进行测量，此类传感器一定要安装在避光处，避免因受阳光直射而提高传感器表面温度，影响测量准确性。土壤温湿度传感器以测量土壤温湿度为主，安装传感器时需要根据农作物根部生长状况确定埋入土壤中的深度，通过实时了解土壤温度和水分含量对土壤进行适当的浇灌。

2. 光照度传感器

植物光照面上单位面积获得的光通量被称为光照度，以目前的传感器技术，已经实现传感器对光照度的检测。数字农业中的光照度传感器不仅能对较强的光照进行检测，还可以通过配置敏感度极高的硅兰光伏探测器，对较弱的光照进行有效检测。具有光照度测量范围广、安装便捷、防水性强、传输距离远等优势。目前光照度传感器在温室大棚中应用较多，可对大棚内的光照度进行有效测量，并检测当前光照度是否符合农作物最佳生长光照度范围，以便根据检测结果对大棚进行遮光或补光处理。

3. 气体传感器

以当前的传感器技术水平，一个传感器仅能对某一种气体的含量进行检测，因此可根据检测气体的不同，将气体传感器分成不同的种类。当前在数字农业中应用较多的气体传感器包括 CO_2 和 NH_3 气体传感器，前者多是用来检测大棚、畜舍等相对较为封闭的环境中 CO_2 的含量，可根据检测结果判断是否需要增施化肥或通风换气；后者多是用来检测畜舍中 NH_3 的含量，可根据检测结果判断是否需要通风换气或对畜舍中的粪便进行清理。

4. 营养元素传感器

无土栽培是在光照温度适宜且没有土壤的地方栽培作物的种植形式，无土栽培需要配置一定比例的营养液，以保证作物的正常生长。虽然调整无土栽培营养液中各种营养元素含量及比例的难度不大，但是农户无法在第一时间及时了解无土栽培环境中各种营养元素的含量与比例，从而导致作物的生长受到抑制。营养元素传感器则能对无土栽培营养液中的营养元素进行有效测量，并对营养液中营养元素含量和比例是否符合作物最佳生长环境进行全面分析，并根据分析结果对营养液中营养元素的含量和比例进行适当调整。此外，营养元素传感器还能对温室和大棚的土壤中各类元素的含量进行检测，农户可根据检测结果判断是否需要增施肥料。

（二）“3S”技术

“3S”技术是遥感技术（Remote Senescing，RS）、地理信息系统（Geographical information System，GIS）、全球定位系统（Global Positioning System，GPS）的简称。“3S”技术是一门多学科集成的现代信息技术，可以实现对空间信息的采集、处理、分析、管理和应用。发端于测绘行业的“3S”技术与农业相结合，获取土壤和地形等一些农业生产的基础环境数据，为山地数字农业精准化生产提供了重要支撑。

1. 遥感技术（RS）

遥感技术是一种空间信息获取技术，具有获取数据范围大、获取信息速度快、获取信息手段多等特点。农业遥感数据获取是指利用卫星、飞行器等对地面农业目标进行大范围监测、远程获取数据。农业遥感技术可以客观、准确、及时地提供作物生态环境和作物生长的各种信息，主要应用在农用地资源的监测与保护、农作物大面积估产与长势监测、农业气象灾害监测、作物模拟模型等几个方面。农业遥感数据能反映大面积、长时间的农业生产状况，属于宏观、全局层面的农业数据。

2. 地理信息系统（GIS）

地理信息系统是一种将地理现象信息采集、存储、管理、分析和显示的综合系统，可以称为“3S”技术的“中枢神经”。农业空间数据管理GIS是空间数据的管理系统，是对农业采集数据进行存储和管理的空间信息系统，可以用于农田数据管理，即可远程实现对土壤状况、自然条件、作物生长环境等数据的查询。其中，农业专题地图分析依据采集的各种离散农业空间数据、GPS传感器的数学计算，形成各种类型的农业专题地图，再利用GIS复合叠加功能将不同的专题数据进行组合，形成新的数据集以便于综合分析。如，对土壤类型、水分分布、地形、农作物覆盖面积等进行专题数据采集，并将这些不同类型的点、线、面进行空间重叠，建立不同数据在空间上的联系。

3. 全球定位系统（GPS）

全球定位系统是由地面控制系统、空间和用户装置等组成的空间卫星导航定位系统，可以全天候对目标进行定位及导航处理，具有精密度高、抗干扰能力好、保密性强、定位速度快等特点。GPS可持续、实时地向用户提供精准的三维位置、三维速度和时间信息，在农业中主要应用于智能化农业机械作业中，可以实现精确定位、田间作业自动导航和测量地形起伏状况的功能。地质测绘GPS在使用过程中受地形的影响很小，精度又高，可以利用这一特性在农业机械田间作业时对所属地形进行精准测绘；GPS接收机结合采样车辆在农作物播种前对农田中的土壤进行采样，精准定位并录入计算机，即可得到土壤样品点位分布情况，有助于对不同地区、土壤差别和土壤中的结构进行比对分析。

二、生命信息感知技术

生命信息智能感知是指对动、植物生长过程中的生理、生长、发育、活动规律等生物生理数据进行感知、记录，如检测植物中的氮元素含量、植物生理信息指标，测量动物体温、运动轨迹等。常用的生命信息感知技术包括光谱技术、机器视觉技术、人工嗅觉技术、热红外技术等。生命信息智能感知改变了原有的、以经验为主的、人工检测模式，使生命信号感知更加科学、更加智能，实时性、动态性、有效性得到大大提高。农业生命信息是对农业生产对象本身的数字化描述，是对生命个体进行监测管理的重要依据，其中生长信息感知技术、农田病虫草害信息感知技术对生产过程的监测，进一步推动农业高效高质生产。

（一）生长信息感知技术

生长发育实时监测技术可以监测和预测动植物各方面的生长状况指标，实现作物从播种、生长管理到收获的全生命周期的智能数据监测以及畜禽水产健康养殖生长发育全过程的状态信息。作物生长信息和生长态势感知的检测传感器主要包括茎秆直径、作物径流、作物叶绿素含量、氮磷钾含量等智能传感器。其中，叶绿素、氮素含量是作物生长的重要营养指标，基于光谱特征分析法实时获取作物叶绿素和氮素含量为变量施肥和精准植保作业提供有力支撑。动物生命信息的检测传感器主要包括动物行为、呼吸、脉搏、体温等智能传感器。

（二）农田病虫草害信息感知技术

农田病虫草害信息感知技术是提前预警农田病虫害的关键技术，能够提前发现异常情况和趋势，及时向农户预警可能发生的病虫害问题。传感器可以使用多种技术，包括光学传感器、红外传感器、图像识别等，实时收集与害虫相关的数据。如，虫情传感器可以用于检测和记录虫情灯周围的害虫数量和种类，当虫情灯预警系统判断可能发生病虫害时，系统会及时发出预警通知。

三、农机传感器技术

在农业机械的系统中，传感器的作用主要是用来感知和测量被控制对象的数据和参数，并将这些信息进行获取，从而使得农业器械可以正常运行和工作。当前，一般的农业机械只有10～20只传感器，这些传感器主要分布在发动机的控制系统、底盘控制系统和车身的控制系统中，处于整个发动机的核心部位。将传感器作用在发动机上可以使得发动机的性能得到提高，同时还可以降低油的消耗程度，减少农机尾气，及时发现机械故障等。传感器在不同的农业机械中作用各异，原理大体相同，现有作业障碍信息感知技术、耕整机械作业参数感知技术、施肥播种机械作业参数感知技术、植保机械作业参数感知技术、收获机械作业参数感知技术等。传感器在测量过程中提供相关的输出信号，使得在作业中的农机可以清晰地把握作业环境的信息。

（一）作业障碍信息感知技术

目前障碍物检测手段主要有超声雷达检测、激光雷达检测、红外传感器检测、视觉传感器检测以及多传感融合检测等。美国肯塔基大学研发出超声波传感器检测农业环境中的障碍物；德国汉诺威大学研发的三维激光雷达，受天气、光照等环境因素的影响较小，可有效检测障碍物；我国上海交通大学研究了基于支持向量机的视觉水田田埂边界检测方法。在众多围绕农业装备作业环境的障碍物感知技术中，红外技术是检测人和动物效果较好的方法；超声与激光雷达的测量范围大，对距离、速度检测精度高；三维雷达虽然测量精度高，但成本也高；基于视觉、二维雷达组合的障碍物检测方法是较理想的方案。未来，多传感融合将逐渐成为农田障碍感知的研究重点。

（二）耕整机械作业参数感知技术

耕整机械的作业参数有姿态、压力、位置、深度等。中德合资的博世力士乐公司推出用于耕整机械的液压控制解决方案，方案使用多种传感器实现了耕整机具姿态感知、耕整作业阻力感知、耕整深度感知；中国农业机械化科学研究院提出一种基于超声波测距传感器的悬挂式深松机耕深在线检测方法；中国农业大学提出一种基于倾角传感器的自动测量农机具耕深的方法。未来耕整机械的作业参数感知可以结合土壤信息感知技术，在耕整阶段全方位、多参数地感知土壤信息，建立土壤信息图，实现“一次感知，全过程使用”。

（三）施肥播种机械作业参数感知技术

施肥播种机械的作业参数有种肥流速流量、播施深度等。美国精密种植公司研发出高速种植系统的一个组件 SpeedTube，可以在高速播种的情况下精确测量播种施肥的速率；南京农业大学设计了一种基于皮带秤的施肥机施肥性能检测装置，装置可以检测排肥口的实时流量；中国农业机械化科学研究院设计了一种差分结构的电容传感器，在排料管道外壁构建阵列式电容传感器来提高检测精度。目前施肥播种精量控制技术比较成熟，在种肥流速流量检测方面，有光电、电容等不同方法，未来将进一步提高其精度和可靠性。

（四）植保机械作业参数感知技术

植保机械作业状态参数包括喷雾压力、喷雾流量、喷杆姿态等。美国精密种植公司开发了用于液体测量的传感器，该传感器可以实时测量包括液体农药和液体肥料在内的液体流量；沈阳工业大学通过多传感信息采集，建立基于总线的作业速度、喷雾流量、喷雾压力、喷杆作业状态、喷杆高度探测、药液体积、气象环境等参数的在线监测系统，并实现喷头堵塞及低流量自动报警、喷杆高度自动仿形。未来还将进一步研究液体肥料和农药的感知机理，解决传感器的抗腐蚀性和精度保持性问题。

（五）收获机械作业参数感知技术

收获机械的作业参数有含水率、流量、损失率、含杂率等。印度旁遮普农业大学基于称量传感器开发了安装在储罐底部的收获机械产量传感器，结合 GPS 系统开发了产量制图系统；比利时鲁汶大学基于多光谱视觉传感器和遗传算法检测谷物中的谷壳、稻草等杂质，得到谷物清洁度数据；中国农业机械化科学研究院研究了基于称重法的联合收获机测产方法，设计了用于联合收获机谷物损失测量的聚偏氟乙烯阵列传感器；吉林大学提出采用可调谐二极管激光吸收光谱技术，探测痕量 CO，研制抗干扰新型红外 CO 传感器。目前收获机械的作业参数传感原理已基本成熟，未来将大力提高检测精度与可靠性，积极研发成熟的产品。

第二节　智能分析技术

一、农业大数据与计算分析技术

基于智能终端、移动终端、视频终端、音频终端等的现代信息采集技术在农业生产、加工以及农产品流通、消费等过程中广泛使用，使文本、图形、图像、视频、声音、文档等结构化、半结构化、非结构化数据被大量采集，农业数据的获取方式、获取时间、获取空间、获取范围、获取力度发生深刻变化，极大地提高农业数据的采集能力。跨领域、跨行业、跨学科、多结构的交叉、综合、关联的农业数据集成共享平台取代了关系型数据库，成为数据存储与管理的主要形式。基于数据流、批处理的大数据处理分析平台在农业领域中的应用越来越频繁，交互可视化、社会网络分析、智能管理等大数据分析技术在农业生态环境监测、农产品质量安全溯源、设施农业、精准农业等环节大量应用。海量的农业数据成为决策的依据和基础，天气信息、食品安全、消费需求、生产成本、市场价格等多源数据通过大数据分析技术和云计算技术预测农产品价格走势，政府管理能力、企业服务水平、农民生产能力都得到大幅度提高。

（一）农业大数据

农业大数据就是把各类农业数据进行采集、汇总、存储和关联分析，从中整合新要素、发掘新资源、发现新知识、创造新价值的一种农业新业态。农业大数据时代，可以建立综合的数据平台调控农业生产，还可以记录分析农业种植养殖过程以及农产品流通过程中的动态变化，并且通过分析数据、总结经验，制定一系列的调控和管理措施，使农业发展高效有序。从农业市场需求来看，农业大数据可用于指导农事生产、预测农产品市场需求、辅助农业决策、规避风险等。从农业生产环节来看，农业大数据可以利用传感器采集气候、土壤大数据，为农户提供最佳的栽种管理决策，协助农民有效管理农地。从农产品经销溯源上看，无论是供应链还是食品安全，妥善利用大数据平台，可以实现从田间到餐桌的每一个过程追踪，让管理过程简洁、透明、高效、安全。

（二）大数据分析技术

大数据和大数据技术是不同的概念，前者是后者的承载，后者是前者的开发应用。通过收集农田中的大量数据，如土壤信息、气象数据、作物生长状态等，利用数据分析和机器学习算法，我们可以对农田进行精准分析和预测。农业大数据技术包括数据的清洗、集成、融合和挖掘等操作，以发现隐藏其间的数据价值，为发展数字农业提供指导和服务。农业大数据需要进行相应数据预处理清洗融合，才能降低噪声和复杂性，增强数据可操作性，再通过关联规则等挖掘分析，从海量数据的千丝万缕联系中找出规律和价值所在。随着农业行业大数据愈来愈庞大和复杂，大数据清洗技术也逐渐由人为和程序完成转为云计算的方式，其关键在于利用相关手段把“脏数据”变成符合质量标准的数据。而农业大数据关联分析和预测技术主要过程就是在庞大的数据中找出其中的频率模式、关联性、相关性以及其中的因果关系，从而发现某种农业现象的规律和结论。

（三）云计算技术

云计算是一种超级计算技术，它的核心在于利用高速的网络传输功能，将处理完的数据从计算机终端服务器中转移到“云”端上进行存储。基于大数据技术，云计算技术可以使用农业大数据更有效地分析农业生产过程，以支持智能农业决策。如，收集农业生产变量后，通过大数据挖掘技术进行精细化分析，得出影响农作物成长的物质和能量因素，同时结合气象资料和土壤资料，进一步开展农业分析，有效改善农作物的产量和品质，提高农业生产效率。同时，云计算技术应用于农业智能管理系统中，可以实现农业大数据采集、存储和分析，从而支持智能农业管理系统。例如，管理系统可以基于云计算技术实时监控和调整环境参数，保证农作物生长环境的适宜性。除此之外，云计算技术还可以用于保障农业信息共享和数据安全，提供高效的数据质量把控，有助于保障农业数据的可用性，准确性和安全性。

二、农业支持决策系统

支持决策系统是数字农业技术的重要组成部分。它通过大数据、机器学习算法、可视化技术等将农业数据和分析结果展现给决策者，为农民和农业管理者提供智能化的决策支持，包含变量作业决策、路径规划决策、产业结构调整决策、灾害风险管理决策等。通过该系统，农民可以获得关于作物种植、病虫害防治、灌溉管理等方面的科学建议，帮助他们做出更明智的决策，提高农业生产效率。其中，变量决策分析是精准农业技术体系中的核心，其根据农田小区作物产量和相关因素，在农田内的空间差异性，实施分布式的处方农作。高密度的农田信息获取后，怎样根据这些不同角度的农田信息，推出一整套具有可实施性的精准管理措施，是需要多学科交叉的研究课题。

（一）变量作业决策

变量作业一直是数字农业的重点研究对象，是指根据作业过程中的传感器数据，结合专家系统、知识库和数据库里的信息，得出控制策略。尤其体现在变量喷雾和变量施肥上，被模块化植入了变量喷雾系统的风送变量喷雾机均能够进行自主决策，实现变量喷雾的功能，根据大数据和专家知识，合理控制喷施量，形成自主判断、智能控制的智慧化模式。

（二）路径规划决策

路径规划通常指全局的路径规划，在农业中的应用一般体现在农业机械装备上，在作业区域全覆盖的前提下，对作业的效率、能耗和环境保护等参数进行优化，计算出最合理的行走路线，是农机无人驾驶与自主作业不可或缺的环节。未来将进一步研究不规则地块及多障碍、多约束的全覆盖路径规划算法，解决主机和机具不同转弯半径时的自适应路径规划算法，以及绕过不同障碍物继续进行作业的路径规划算法，提高农机在山地作业的适应性和效率。

（三）产业结构调整决策

产业结构调整决策是利用信息技术和数据分析工具构建决策系统，为决策者提供全面的信息支持和优化的决策方案，使得农业规划更科学、合理。决策系统通过整合多种数据源，对市场需求、资源配置和技术进步等因素的综合分析，以直观易懂的可视化界面为决策者展示决策结果。决策支持系统可以帮助农业生产者确定合理的产业结构调整方案，提供更加精准的农业生产建议，提高农业经济效益和可持续发展能力。

（四）灾害风险管理决策

气候变化和自然灾害是影响农业生产的重要因素。灾害风险管理决策是将信息技术、数字技术和网络技术等应用于灾害风险预警服务中，对气象数据、土壤水分状况、病虫害风险等信息进行分析，为农业生产者提供风险评估和管理建议，为农民提供更可靠的保险保障和风险管理方案，从而较好地预防灾害或减少灾害造成的损失。

三、农业模型技术

农业模型是一种基于现代信息技术，客观研究农作物系统生长规律及原理、畜禽生长规律及原理的模拟形态，是利用系统分析方法和计算机模拟技术，对作物、畜禽生长发育过程及其与环境和技术的动态关系进行定量描述和预测。它利用传感器、监测设备和互联网技术收集分析农田、气候、土壤、作物和畜禽等相关数据，旨在实现农业生产的高效、可持续和智能化。农业模型的应用领域广泛，涵盖了种植业、畜牧业和水产养殖等多个领域，包含作物生长模型、家禽生长模型、农业气象模型、土壤水分模型等。在种植业中，农业模型可以根据气象数据、土壤信息和作物生长阶段，智能地调整灌溉、施肥和植保措施，提高农作物的产量和品质。在畜牧业和水产养殖中，农业模型可以监测和预测畜禽的健康状况、饲养环境以及水质等重要指标，帮助养殖者及时采取措施，防止疾病和环境问题的发生。

（一）作物生长模型

广义的作物模型模拟包括模型建立和模拟试验两个主要内容。作物模型的建立是指作物模型研制的过程，模拟主要是指解析作物系统的结构、功能和行为，并进行模型运作的过程。作物生长模型利用大数据处理分析技术，集成作物自身生长发育情况以及作物生长环境中的气候、土壤、生物、栽培措施因子等数据，能根据气象条件、土壤条件以及作物栽培管理措施，定量描述作物生长、发育、籽粒形成及产量等动态过程，具有较强的机理性、系统性和通用性。作物模型的成功开发和应用促进了对作物发育规律由定性描述向定量分析的转化过程，为作物生产决策系统的开发与应用奠定了良好基础，特别是为农业数字化、可持续发展的研究提供了科学的工具。

（二）家禽生长模型

动物生长模型可以描述动物体重、体积随时间变化的规律以及在生长发育过程中各个组织和器官的发育规律。其中，家禽生长模型是对家禽动物生长发育过程中体重、生长速度等方面的规律进行研究，建立家禽生长模型可以优化饲料配方和管理策略，并预测畜禽的生长趋势，以便养殖者对家禽生长过程进行合理的管理，提高养殖效益。当前广泛应用的家禽生长模型有 Bernardo－Torres 模型、Gompertz 模型、基于 BP 神经网络的家禽生长模型。

（三）农业气象模型

农业气象模型是收集各地的气温、降水、日照时数等气象数据，并对不同作物的生长需要选择适当的气象要素建立农作物生长与气象因素关系的模型，表示农业生产对象或过程与气象条件的关系。在光合作用的模拟方面，已经深入到生物化学领域，建立了电子传递速度与光强、大气 CO_2、气孔 CO_2 分压、水汽压等关系的模拟模型，能够详细地模拟每张叶片每分钟的光合、呼吸、蒸腾等过程。在土壤—植物—大气系统的机理性模拟模型方面，建立了模拟饱和与非饱和水的传导机制，模拟冻结与解冻过程，模拟根系发育，植物对水分吸收的调节机制等模型。

（四）土壤水分模型

土壤水分模型是定量表达土壤水分动态变化的各种经验或机理模型。模型基于土壤类型和环境条件的土壤水分特性参数，包括饱和含水量、持水量、渗透系数、吸水能力等，通过土壤水分平衡方程、土壤水分运移方程考虑环境因素的水分流动方程和根系吸水模型、作物蒸腾模型等考虑作物蒸腾的土壤水分动态模型，来预测不同时间点土壤中的水分含量。在农业生产中为土壤保持、干旱预警和水资源管理等方面提供科学支撑。

第三节　智能控制技术

一、智能设施设备

智能设施设备中的智能农业控制系统采用自动控制技术，远程或自动控制农业生产设施设备，实现自动化操作、网络化远程控制，减轻农民的劳动强度，提高工作效率。当前，普遍应用的智能设施设备有高端植保无人机、智能灌溉设施、智能温室等，可以自动开展植保作业、温室环境调控、灌溉和施肥控制，从而打造农作物生长的最佳条件。

（一）高端植保无人机

现阶段农业生产中广泛使用的植保无人机是在多旋翼无人机的技术上发展而来的，其将多旋翼无人机的主体结构与植保喷杆喷雾技术进行有机结合，并利用卫星定位技术、智能控制技术、人工遥控技术等实现对无人机飞行状态和农药喷洒状态的精确控制，从而实现高效的农业植保智能喷雾作业。智能植保无人机具有农药利用率高、防治效果好、工作效率高、安全性好等众多优势，且对于农业生产的地形、小块田地、作物品种具有良好的适应性，在确保病虫害防治的同时，还能降低传统机械植保造成的农药污染问题。

（二）智能灌溉设施

智能灌溉设施的智能化系统运用物联网、大数据、云计算与传感器技术相结合的方式对农业生产中的环境温度、湿度、光照度、土壤墒情等参数进行实时监控。通过分析处理传感器数据信息，达到所设阈值或人为干预操作，作为灌溉设备运行的控制条件，实现智能化灌溉。基于传感器监测土壤湿度和气象数据，利用自动化控制技术实现精准浇灌。根据作物的需求规律、土壤水分、土壤性质等条件提供最合适的水肥灌溉方案、水肥一体化系统安装方案，进行定时定量灌溉。节约水资源、劳动力的同时提高农业生产产量和质量。

（三）智能温室

智能温室中的控制系统基于传感技术、电子技术、通信技术、计算机技术、图像采集处理技术等先进科学技术，集成智能控制算法、温室环境预测模型、园艺作物生长发育模型及病害预测模型，可以根据作物生长发育规律，自动调节室内温度、湿度、光照等参数。温室环境的智能调控，对温室生产、管理和病虫害防治有指导作用，为作物提供最佳生长条件。同时，温室智能控制系统还支持远程控制和管理，用户可以通过监控中心远程调节设备状态。

二、农业机器人

随着智能农业和计算机技术的高速发展，机器人技术在农业生产系统中得到了广泛应用。农业作业的智能化和自动化系统在应对劳动力短缺、提高生产效率、降低农业生产中的安全健康风险等方面发挥了重要作用。在农业生产和加工环节中，有许多机器人成功应用的案例，例如嫁接机器人、采摘机器人、移栽机器人和大田生产农业机器人等，这些机器人采用定位与导航技术、机器视觉技术、人工智能技术等实现农业作业。农业机器人与传统的工业机器人相比具有 4 个特点。（1）作业的季节性。农业机器人大多数只针对农业生产的某个环节，性能单一且适应性不强，因每个环节配备不同的机器人，农业生产成本大幅增加。（2）田间作业的非结构性。与工业机器人作业环境不同，实际田间作业环境恶劣，农业机器人在田间作业时需考虑的环境因素较多，因而农业机器人需要具有较强的适应性且能精准识别障碍物。（3）作物的娇嫩性。农业机器人在工作过程中，需要对作物的娇嫩程度、形状、大小等情况做出柔性处理。（4）使用对象的特殊性。农业机器人大多由农民操作。一方面，农业机器人操作不宜太复杂，应简单易操作；另一方面，农业生产作业的利润较低，因此农业机器人的价格应在农民的承受能力范围之内，不宜过高。

（一）定位与导航技术

常见的定位导航技术包括全球定位系统（GPS）、惯性导航系统（INS）、北斗系统等。农业机器人需要具备定位和导航的能力来完成精准的操作。结合导航技术与无人驾驶技术研发的无人驾驶机器人，能够自主感知外界环境，根据预设任务路径和坐标导航，自动进行播种、施肥、除草等作业，有效提高机械效率和工作质量。

（二）机器视觉技术

机器视觉主要利用计算机和数字图像处理模拟人的视觉功能，从客观事物的图像中提取信息，进行处理并加以理解，实现机器对环境的识别和感知，最终用于实际检测、测量和控制。机器视觉技术最大的特点是速度快、信息量大、功能多。在农业机器人的应用中，机器视觉可以帮助机器人实现对农作物、土壤、天气、动物等环境信息的获取与识别。例如，采摘机器人可以识别作物生长状态，从而判断是否采摘。

（三）人工智能技术

人工智能（Artificial Intelligence），英文缩写为AI，旨在通过人工智能技术模拟人的某些思维过程和智能行为，人工智能机器人具备跟人类似甚至超卓的推理、知识、规划、学习、交流、感知、移物、使用工具和操控机械的能力。由此研发的农业机器人在农业领域的应用范围非常广，逐步实现农业生产自动化、智能化管理，如智能种植、智能除草、智能识别病虫害、智能喂养等。智能机器人代替人力劳动，在地形起伏较大的山地农业中效果更为显著，为山地数字农业高质高效发展提供有力支撑。

三、农产品产后处理与流通装备控制技术

农产品产后处理与流通装备控制技术主要涉及流通环境信息获取技术、农产品品质感知技术、农产品运输与配送路径优化技术，从农产品产后处理、仓储、运输、配送等方面实现智能控制。（1）智慧商品化处理。利用智能感知和检测技术感知生鲜农产品属性并通过数据库进行处理，给出合理化的采后商品化处理建议，如确定产品预冷方式及预冷温度，选择合适的保鲜技术及包装。

(2) 智慧仓储管理。利用智能终端、物流信息平台随时监控仓储情况，采用智能化存取设备，提高仓库分拣准确性、周转率，提高对大批量订单、碎片式订单的处理能力，提升生鲜农产品保鲜水平。(3) 智慧运输。根据生鲜农产品的特性、运输距离、交通状况等因素进行最优路径规划、车货匹配、货物在途跟踪，安全快速地将货物送达目的地。(4) 智慧配送。因生鲜农产品配送时效性要求较高，应尽量根据实时路况动态调整配送路线，建立交通状况模型并与智能交通系统对接，利用大数据技术构建具有动态感知能力、智能决策与自动分配的智能平台，实现生鲜配送的及时化、专业化、智能化，确保为消费者提供安全、优化、高效的配送服务。(5) 智能搬运。利用智能穿梭车、机器人、无人叉车等智能搬运工具进行货物搬运操作，大幅提高搬运效率。(6) 智能风险管理。利用智慧物流标准化优势获取信息，建立以流通时间、所处位置、环境温湿度、货物状态为风险指征清单的实时风险管理机制，对供应链中的各种风险进行实时数据采集、风险识别和风险响应，确保产品质量和食品安全。

(一) 农产品品质感知技术

农产品品质感知技术主要面向农产品的营养、安全、品质等方面的监测和预测。在品质监测方面，主要包括农产品的外观、口感、色泽等；在安全方面，需要对农药残留、重金属、微生物因素等进行检测；在预测方面，需要对农业生产中的温度、水量、肥料量和日照等因素进行预测，通过智能感知、监测、预测，及时采取措施调控。农产品品质感知是保证冷链食品质量与安全的关键环节。食品品质分为外表品质、物理品质、营养品质、安全品质、感官品质等方面，由此发展快速无损检测技术，涉及力学、电子学、光学、电化学、生物学等方法，可细分为嗅觉、味觉、视觉传感器技术，光谱分析技术，生物传感器技术。

(二) 流通环境信息获取技术

流通信息收集是人们运用科学的方法有意识地把商品流通信息以文字、数据、符号等形式记载下来，作为信息资料以备查用的活动。流通环境信息获取技术是对各种流通信息进行测量、存储、感知和采集的技术，是商品流通信息流运行的起点，为信息的加工、储存、传递和应用提供可靠的资料。流通环境信息获取旨在农产品冷链流通过程尤其是长距离运输过程中，严格控制食品的温度、湿度、光照、空气含氧量、乙烯含量、硫化氢含量等环境参数；针对单一温区、单一产品的配送冷藏车，经由传感器完成运输车内环境信息的实时采集、传输及存储。

（三）农产品运输与配送路径优化技术

农产品运输与配送路径优化指通过海量数据的挖掘、处理与分析，增强冷链物流企业的信息获取、应用、流程优化等能力，为农产品冷链物流的物联网建设提供基础信息平台。针对多目标最优配送路径选取问题，多数理论研究利用加权求和方式将多目标寻优问题转化为单目标寻优，进而开展模型构建与分析应用；而在实际配送过程中，群体智能算法能够实质性解决最优配送路径方面的多目标寻优问题（依据与偏重目标相对应的最优解）。通过综合考虑生鲜农产品货物的种类、数量、配送时间、配送目的地、配送模式等自动生成配送计划，基于移动设备和全球定位系统（GPS）等手段，利用配送车辆和用户位置信息规划配送路线，实现人、货、车的有效匹配。

第四节　智慧服务技术

一、农业智能知识服务

农业智能知识服务技术以农业知识为内容，通过智能化方式将分散的农业知识与数据组织起来，利用知识共享与综合辅助决策模型，为广大用户提供个性化精准服务，缓解农业生产经营中存在的资源利用低效、水肥施用过量、专家数量短缺、知识传播受限等问题。它旨在构建一个集农业知识、信息、预测、推理等多种服务于一体的系统，完整、规范、准确地描述农业知识，以本体知识图谱等方式存储农业知识的数据及关系，以实现农业知识的实时、高效重用及共享，农业生产过程中的信息获取、合理解读、快速响应等功能。以多模态数据驱动的农业知识智能抽取技术、基于深度学习的农业大数据自适应分析模型、跨媒体农业知识关联理解与服务交互机制为代表，包括新一代农业可视化人机交互技术、农业知识图谱等。

（一）新一代农业可视化人机交互技术

人机交互技术（Human - Computer Interaction Techniques）是指通过计算机输入、输出设备，以有效的方式实现人与计算机对话的技术。人机交互技术包括机器通过输出或显示设备给人提供大量有关信息及提示请示等，人通过输入设备给机器输入有关信息，回答问题及提示请示等。人机交互技术以电子化的方式，能够将农业生产活动中所产生的各类数据信息以电子信息的方式呈现在屏幕上，相关管理人员只需要在人机交互页面的终端系统上对数据信息进行查看，就能够及时、准确地了解到农业生产活动的执行情况，找出其中存在的问题。如作物数字孪生系统（digital twin of crop production system，CPSDT）是作物生产系统日趋复杂、物联网日渐成熟及数字孪生（digital twin，DT）技术不断完善等多方背景催生的新兴产物。CPSDT 是数据驱动下对作物生产系统的全息映射，侧重于对作物生产过程的实时态势感知、超实时虚拟推演和全程交互反馈，旨在为作物生产的智慧管控提供参考。

（二）农业知识图谱

知识图谱是一种结构化的、表示知识的图形模型，由实体、关系和属性构成。农业知识图谱是基于农业领域的专业知识和数据构建而成的图谱，旨在实现农业知识的整合和共享，能够将农业领域中各种信息，如作物品种、生长条件、生产技术等以实体、属性及其关系的形式进行组织和表达，使得农业信息更加结构化和易于访问，可以应用于多个农业领域，为农业生产、农村发展和农业决策提供支持和指导。构建农业知识图谱的方法主要包括知识抽取、知识融合和知识表示等。通过自然语言处理和机器学习等技术，从文本数据中提取农业相关的实体、关系和属性，将来自不同数据源和知识域的农业知识进行融合，农业知识以图结构的形式进行表示，最终形成农业知识图谱。

二、农产品追溯服务

农产品追溯体系的建设最主要的就是“一个中心”和“三大模块”，即一个追溯云端数据中心，生产者、监管部门和消费者三大模块。结合物联网技术、射频识别（RFID）、EPC产品电子代码等技术搭建一个云数据处理中心，把生产者、监管部门以及消费者连接起来。所有农产品都达到“一物一码”的标准，二维码详细记录了农产品从种植、生产、加工、产品认证、物流、仓储、销售等全过程的所有信息。农产品追溯系统的建设，有助于打造透明的供应链，农产品的安全得以保障。

（一）WSN物联网技术

农业物联网通过感知层、传输层和处理层三层架构来实现，其中传输层是物联网信息传输的桥梁，信息的广泛传输和互联主要借助传输层来完成。WSN即无线传感器网络，它是由部署在监测区域内大量的廉价微型传感器节点组成，通过无线通信方式形成的一个多跳的自组织网络系统。在农产品溯源体系中该技术主要是实现对相关数据的传输与信息交互。在农产品加工领域，借助物联网技术对加工原材料进行电子标记编码，全程监控食品加工过程。在农产品流通领域，结合GPS和视频系统可以完成整个运输过程的可视化管理，实时监控农产品的在途状况。

（二）射频识别（RFID）信息采集技术

RFID技术是使用无线电信号来识别特定目标并读写相关数据。其原理是通过将包含特定信息的“标签”放置到物体中，当读写器向标签发送射频信号时，标签内的芯片会接收到这个信号，然后将标签储存中的信息通过射频信号返回给读写器，最终完成数据的读取写入等操作。RFID信息采集技术贯穿于农产品安全始终，包括生产、加工、流通、消费各环节，全过程严格控制。农产品溯源系统利用 RFID 技术并依托网络、数据库技术，实现信息融合、查询、监控，为每一个生产阶段以及分销到最终消费领域的全过程，提供针对每件货品安全性、农产品成分来源及库存控制的合理决策，实现农产品安全预警机制。

（三）EPC 产品电子代码体系

EPC 中文称为产品电子代码，电子产品代码是下一代产品标识代码，它可以对供应链中的对象（包括物品、货箱、货盘、位置等）进行全球唯一的标识。EPC 存储在 RFID 标签上，这个标签包含一块硅芯片和一根天线。EPC 就像是一把钥匙，用以解开 EPC 网络上相关产品信息这把锁。农产品溯源系统结合 EPC 技术，把所有的流通环节（包括生产、运输、零售）统一起来，组成一个开放的、可查询的 EPC 物联网，从而提高对农产品的追溯能力。

三、农产品电商服务

电子商务是随着计算机技术迅猛发展，在互联网技术、远程通信技术、电子支付技术等支持下，实现商品交易网络化、电子化和数字化的一种新兴商务活动。其中农产品电商指的是在电商系统中全面导入农产品的生产、销售、营销、管理和运营等一系列环节。其利用现代信息技术大量收集和发布市场价格、供求关系等信息，以互联网为载体，多种形式宣传农产品，通过电子支付保障农产品交易和资金支付的便捷性和安全性，借助物流运输系统实现安全高效运输的一种农村商业模式。

（一）互联网技术

电子商务的发展建立在互联网发展的基础上，互联网技术是电子商务的关键技术之一。互联网技术是指在计算机技术的基础上开发建立的一种信息技术，通过计算机网络的广域网使不同的设备相互连接，加快信息的传输速度和拓宽信息的获取渠道。互联网技术在农产品电商应用中的主要作用有：（1）拓展销售渠道。农产品电商能够让农产品的贸易流通逐渐趋于规模化与组织化，既有效拓宽了产品销售渠道，又避免了许多冗杂的中间环节，使供求双方获得直接交易的机会，由此降低成本、增加收益。(2) 加速信息流通。农产品电商可以运用现代信息技术快速收集到大量的农业生产和市场销售相关信息，并促进农业生产基地对外信息交流，使农产品生产与销售都能紧跟社会经济市场发展趋势，获得良好的经济收益。(3) 创新营销模式。农产品电商可以依托互联网技术的优势，有效实现农产品的多元化包装设计和营销模式创新，从而提高农产品的知名度，打造农产品品牌，吸引更多消费者购买农产品。

(二) 远程通信技术

远程通信是指在连接的系统间，通过使用模拟或数字信号调制技术进行的声音、数据、传真、图像、音频、视频和其他信息的电子传输。远程通信技术为农产品电子商务提供更加先进的物流管理方案，消费者购买农产品后可以在线实时追踪包裹行程和送达时间。消费者可以更加顺畅地与商家沟通，方便快捷的客服与售后服务有利于及时解决农产品网络销售退换货、纠纷等问题。

(三) 电子支付技术

从严格意义上讲电子支付是一个过程而不是一种技术，但在该过程中涉及众多技术问题。这些技术主要包括：电子货币（电子支票、银行卡、电子现金）的表示形式、发放和管理技术。电子支付模式现在一般使用两种：SSL/TLS和SET技术。农产品电子商务交易过程中广泛应用电子支付技术，为农产品销售提供更加方便、快捷、高效的服务，提高农产品网络销售效率。

第四章

山地数字农业发展水平指标体系

数字农业发展水平评价是对农业数字化的发展水平进行测度，一般采用定量或定性的指标对其进行度量，度量的结果表示农业数字化发展水平的高低程度。本章基于国家政策文件对数字农业提出的要求目标，参考各大机构的研究报告测度方式，收集数字农业发展水平评价的相关研究文献，采用文献分析法对数字农业发展水平的评价指标进行统计与梳理，根据统计结果对评价指标归类，结合山地农业发展实际，探索山地数字农业发展水平指标评价体系。以期构建山地数字农业发展水平指标体系，为山地数字农业发展提供方向，进一步有效推动山地数字农业发展，助力农业现代化，建设农业强国。

第一节　数字农业发展水平评价梳理

一、政策文件梳理

我国自 2015 年就开始规划数字农业的实施方案，制定了一系列旨在推动数字农业转型发展的政策文件（表 4－1），近几年更是积极推动农业数字化水平提升。各项政策主要对农村宽带接入用户数、农业科技进步贡献率、农作物耕种收综合机械化率、农业生产信息化率、农村居民人均可支配收入增速、农产品网络销售额等指标作出了要求。其核心路径在于，从数字基础设施的完善建设，到数字技术的推广应用，再到大数据体系和平台的建立，以实现数字技术和农业生产的深度融合，提高数字农业发展水平。

表 4-1　中国数字农业发展的相关政策文件及主要内容

序号	时间	政策文件及主要内容
1	2015 年 12 月	《农业部关于推进农业农村大数据发展的实施意见》提出立足我国国情和现实需要，未来 5～10 年内，实现农业数据的有序共享开放，初步完成农业数据化改造。到 2025 年，实现农业产业链、价值链、供应链的联通，大幅提升农业生产智能化、经营网络化、管理高效化、服务便捷化的能力和水平，全面建成全球农业数据调查分析系统。
2	2018 年 9 月	中共中央、国务院印发《乡村振兴战略规划（2018—2022 年）》突出发展数字农业，推动一二三产业有机结合，加快农村产业发展，加快现代信息技术以及大数据在农业生产生活中的应用。
3	2019 年 1 月	《中共中央 国务院关于坚持农业农村优先发展做好“三农”工作的若干意见》提出，深入推进“互联网＋农业”，扩大农业物联网示范应用。推进重要农产品全产业链大数据建设，加强国家数字农业农村系统建设。继续开展电子商务进农村综合示范，实施“互联网＋”农产品出村进城工程。
4	2019 年 5 月	中共中央、国务院发布了《数字乡村发展战略纲要》，明确提出要大力发展农村数字经济，夯实数字农业基础，推动农业数字化转型，整体提升和带动农业农村现代化发展，加快推广云计算、大数据、物联网、人工智能在农业生产经营管理中的运用，促进新一代信息技术与种植业、种业、畜牧业、渔业、农产品加工业全面深度融合应用，打造科技农业、智慧农业、品牌农业。建设智慧农（牧）场，推广精准化农（牧）业作业。
5	2020 年 1 月	农业农村部、中央网信办联合印发了《数字农业农村发展规划（2019—2025 年）》，强调要以数字技术与农业农村经济深度融合为主攻方向，用数字化引领驱动农业农村现代化，为实现乡村全面振兴提供有力支撑。着力构建基础数据资源体系，加快生产经营数字化改造，强化关键技术装备创新。
6	2020 年 7 月	农业农村部印发《全国乡村产业发展规划（2020—2025 年）》，指出以信息技术带动业态融合，促进农业与信息产业融合，发展数字农业、智慧农业等，加快互联网技术应用与推广，完善乡村信息网络基础设施。

（续）

序号	时间	政策文件及主要内容
7	2021年1月	《中共中央 国务院关于全面推进乡村振兴加快农业农村现代化的意见》提出，实施数字乡村建设发展工程。推动农村千兆光网、第五代移动通信（5G）、移动物联网与城市同步规划建设。加快建设农业农村遥感卫星等天基设施。发展智慧农业，建立农业农村大数据体系，推动新一代信息技术与农业生产经营深度融合。完善农业气象综合监测网络，提升农业气象灾害防范能力。
8	2021年3月	《中华人民共和国国民经济和社会发展第十四个五年规划和2035年远景目标纲要》中提出"加快数字化发展，建设数字中国"的新要求，强调要加快发展智慧农业，推动大田精准施肥、设施园艺、畜禽水产养殖的智能化数字化应用，提升农业生产经营和管理服务的数字化改造水平。
9	2022年1月	中央网信办等10部门印发《数字乡村发展行动计划（2022—2025年）》提出要解放和发展数字生产力着力发展农业农村数字经济，将数字基础设施升级，加快推进农业农村大数据建设应用，建设天空地一体化农业观测网络，加快农业生产数字化改造，加快智慧农业技术创新，加强农业科技信息服务等作为主要任务。
10	2022年2月	国务院发布《"十四五"推进农业农村现代化规划》指出，加强乡村信息基础设施建设，加快农村光纤宽带、移动互联网、数字电视网和下一代互联网发展，支持农村及偏远地区信息通信基础设施建设，加快推动遥感卫星数据在农业农村领域中的应用。发展智慧农业，建立和推广应用农业农村大数据体系，推动物联网、大数据、人工智能、区块链等新一代信息技术与农业生产经营深度融合，建设数字田园、数字灌区和智慧农（牧、渔）场。
11	2023年4月	中央网信办等五部门联合印发《2023年数字乡村发展工作要点》部署了夯实乡村数字化发展基础，强化粮食安全数字化保障，因地制宜发展智慧农业等重要任务；明确了2023年年底农村宽带接入用户数超过1.9亿，5G网络基本实现乡镇级以上区域和有条件的行政村覆盖，农业生产信息化率达到26.5%，农产品电商网络零售额突破5 800亿元等工作目标。

各地方政府亦积极响应中央政策，因地制宜出台本地数字农业农村发展的行动方案，围绕农产品销售端的数字化、数字技术与农业生产的融合、数字平台建设、数字基础设施等维度，创新数字农业的实现机制与实现路径。如，贵州省于2020年6月印发《贵州省数字经济发展“六个重大突破”推进落实工作方案》，大力发展数字农业，加快推进农产品生产数字化、农产品销售终端智能化，推动农业产销智慧对接实现重大突破。2020年，全省建立300个农产品产地物联网点，农产品生产效率大幅提升，新建3个智能化一级批发市场，完成100个农贸市场信息化改造，建成全省农产品产销智慧对接平台，助推“黔货出山”。重庆市于2021年发布《重庆市数字农业农村发展“十四五”规划（2021—2025年）》，指出以数字技术与农业农村经济深度融合为主攻方向，到2025年“数字乡村·智慧农业”综合信息服务平台、农业农村大数据中心、国家级重庆（荣昌）生猪大数据中心建设初见成效，农业农村基础数据资源采集和汇聚体系基本建成，天空地一体化农业农村监测网络全域覆盖，重要农产品全产业链大数据基本形成。新建智慧农业试验示范基地200个，全市农业数字经济增加值达到150亿元，数字农业农村发展总体水平超过50%。四川省于2022年印发《四川省“十四五”农业农村信息化发展推进方案》，积极推动5G、大数据、物联网、人工智能等新基础设施在农业农村领域的应用示范，打造好数字化转型“底座”，打通农业全产业链的数据采集、分析、应用闭环系统，提升农业生产智能化、经营网络化、服务网格化和管理智慧化水平。到2025年年底，初步建立符合省情、满足实际需要的农业农村信息采集、监测、农产品溯源、信息共享等相关标准体系，为全省农业农村信息化建设提供依据。

二、机构研究报告梳理

乘数字经济发展之风，各大机构对中国数字农业农村的发展现状、水平进行了测度和分析（表4-2），为未来发展方向提供专业的指导。2020年11月，农业农村部市场与信息化司、农业农村部信息中心发布《2020全国县域数字农业农村发展水平评价报告》，通过构建含发展环境、基础支撑、生产信息化、经营信息化、乡村治理信息化、服务信息化6个一级指标，下设15个二级指标和20个三级指标测度评价农业农村发展水平。2021年6月，中国联通发布《中国联通数字乡村白皮书》，提出数字技术要渗透到农业生产经营管理服务的各个环节，实现农业数字化，促进农业提质增效。2021年12月，中国社会科学院财经战略研究院、农业农村部信息中心与京东科技联合发布《数智乡村白皮书（2021）》，从数智乡村的基础设施、生产与服务、环境与治理、生活水平四个方面构建了我国数智乡村发展指标体系，发布了中国首个数智乡村指数（DIRI），进一步科学全面地衡量我国数智乡村发展水平。2022年4月，艾媒咨询发布《2022年中国乡村数字经济发展专题研究报告》，重点从农村电商、农产品年网络零售情况分析当前农业数字经济发展水平。2022年8月，和君咨询和中国农科院发布《2022年度中国农业数字化转型白皮书》，通过产前的种植业和养殖业数字化，产后的食品数字化和产品追溯分析农业数字化发展现状。2022年12月，农业农村部市场与信息化司联合农业农村部信息中心发布的《2021全国县域农业农村信息化发展水平评价报告》依旧采用发展环境、基础支撑、生产信息化、经营信息化、乡村治理信息化、服务信息化6个一级指标测度评价了2021年全国县域农业农村信息化发展水平。2023年3月，由中央网信办信息化发展局、农业农村部市场与信息化司指导，农业农村部信息中心牵头编制《中国数字乡村发展报告（2022年）》，全面总结回顾2021年以来数字乡村建设取得的新进展新成效，其中，从种业数字化、种植业数字化、畜牧业数字化、渔业数字化、农垦数字化、农机装备数字化等多个方面分析了智慧农业建设现状。

表 4-2　数字农业发展水平相关机构研究报告

序号	时间	机构	研究报告
1	2020 年 11 月	农业农村部市场与信息化司、农业农村部信息中心	《2020 全国县域数字农业农村发展水平评价报告》
2	2021 年 6 月	中国联合网络通信集团有限公司	《中国联通数字乡村白皮书》
3	2021 年 12 月	中国社会科学院财经战略研究院、农业农村部信息中心、京东科技	《数智乡村白皮书（2021）》
4	2022 年 4 月	艾媒咨询	《2022 年中国乡村数字经济发展专题研究报告》
5	2022 年 8 月	和君咨询、中国农业科学院	《2022 年度中国农业数字化转型白皮书》
6	2022 年 12 月	农业农村部市场与信息化司、农业农村部信息中心	《2021 全国县域农业农村信息化发展水平评价报告》
7	2023 年 3 月	中央网信办信息化发展局、农业农村部市场与信息化司、农业农村部信息中心	《中国数字乡村发展报告（2022 年）》

三、学术文献梳理

本章研究数字农业发展水平评价指标的数据主要源自《中国知识资源总库-CNKI》，在中国知网上以“主题”为搜索条件，为扩大搜索范围，将“数字农业评价”“数字农业指标”分别设置为关键词进行搜索，各有 22、82 条结果，在此基础上把明确含有指标体系的文献筛选出来，最终用于计量的文献包括 2014—2023 年间的 30 篇，统计的文献来源刊物包括《中国农村经济》《农村经济》《统计与决策》《陕西师范大学学报（哲学社会科学版）》《农业工程学报》《中国农机化学报》《现代农业研究》《农业基础科学》《农村与技术》《农村工程技术》等，其中包含核心期刊和重点期刊。相关文献发表数量与年份之间的折线图如图 4-1 所示。

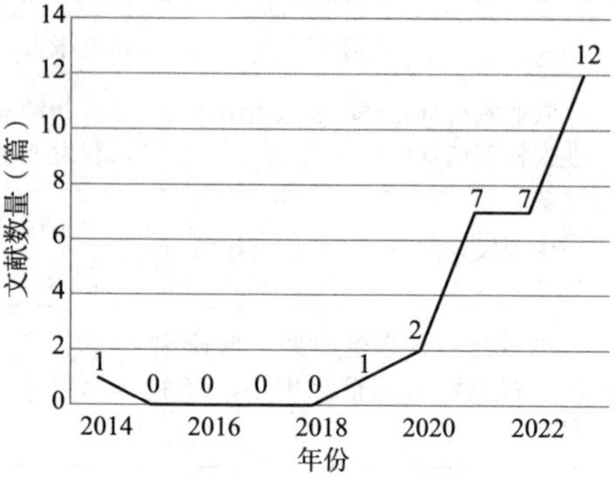

图 4-1　2014—2023 年数字农业发展水平评价指标体系相关文献数量

图 4-1 显示，2014 年仅有 1 篇数字农业发展水平评价指标的相关文献，而 2015—2018 年期间无相关研究文献，可见此间相关研究还处于萌芽阶段。2019 年后，文献数量逐年增加，尤其是从 2021 年开始迅速增长，2019—2023 年共 29 篇，其中 2023 年数量最多，共 12 篇，占近五成，可见近年随着数字经济的蓬勃发展，大力推动产业数字化、数字产业化，以及数字技术在农业领域的加快应用，传统农业加快向数字化转型，其发展水平评价标准也逐渐受到学者的重视。

目前，国内学者主要围绕农业农村信息化和农业高质量发展对数字农业发展水平进行研究，立足一系列政策文件和机构研究报告，如《数字农业农村发展规划（2019—2025 年）》《中国数字乡村发展报告（2019）》《2020 全国县域数字农业农村发展水平评价报告》等，深入把握数字农业内涵，借鉴以往文献研究成果，依据不同的原则，因地制宜构建数字农业发展水平评价指标体系。各指标总体围绕数字农业生产的全产业链、全过程设立，包含发展环境、基础设施建设、生产资源、绿色发展、效益水平几个方面（表 4-3）。数字农业生产的基础条件中，有 19 篇文章将数字农业发展环境纳入指标体系，23 篇文章将基础设施纳入指标体系，16 篇文章将生产资源纳入指标体系，其中含人才资源指标 6 篇，技术资源指标10篇。数字农业生产过程中，有7篇文章将生产信息化、经营信息化纳入指标体系。数字农业产后环节，有11篇文章将绿色发展纳入指标体系，19篇将效益纳入指标体系，其中有2篇为整体效益水平指标，其余细分为农业产出效益指标5篇、经济效益指标2篇、社会效益指标3篇、产业效益指标7篇。除此之外，统计的学术文献中对指标分析的方法多为熵权法、层次分析法（AHP）、Min－max标准化分析方法这三种方法，也有学者采用了线性加权法、几何加权法、Dagum基尼系数、核密度估计法等方法。

表4－3　评价指标相关学术文献数量

序号	指标		文章篇数
1	发展环境		19篇
2	基础设施		23篇
3	生产资源	人才资源	6篇
		技术资源	10篇
4	生产信息化		7篇
5	经营信息化		7篇
6	效益水平	产出效益	5篇
		经济效益	2篇
		社会效益	3篇
		产业效益	7篇
7	绿色发展		11篇

从研究结果来看，数字农业发展水平在时间上呈上升趋势，在空间上呈由东向西的阶梯性空间布局，数字农业发展水平区域差异较大，不同省市发展水平、特点各异。纵观现有研究，学界还未从山地农业的角度分析数字农业发展水平，数字农业发展需要因地制宜进行这是毋庸置疑的，不仅是根据区域因地制宜分析，还需结合农业发展的环境考量，山地和平原的农业生产存在较大差异，因此本书将结合山地农业特征，参考借鉴以往数字农业发展水平测度方

法对山地数字农业进行研究。

第二节 数字农业发展水平评价指标统计

一、政策文件与机构研究报告相关指标统计

近年，数字农业农村相关政策文件不断对数字农业发展目标和发展水平作出要求，对其梳理可归纳为数字农业的基础设施、生产经营、生产效益、技术和人才4个方面。在基础设施方面，针对行政村4G覆盖率、行政村通光纤比例、农村互联网普及率、网络设施水平、移动互联网应用（App）软件等提出了要求。在农业生产经营方面，提出种植业信息化、畜牧业智能化、渔业智慧化、种业数字化相关要求。在农业生产效益、产业发展方面，就农产品质量安全追溯、农产品网络零售额、农业数字经济占农业增加值比重、农村居民人均可支配收入等提出相关目标。在数字农业科技和人才方面，对农技推广机构、农业技术设备、新技术创业创新、农业科技成果转化等农业科技发展作出要求，对义务教育、农业科研院校、地方农业科研机构团队建设等人才资源作出要求。将这4个方面进行梳理，可得如表4-4所示的28个具体指标。

表4-4 政策文件中数字农业发展水平相关指标

序号	指标	序号	指标
数字农业基础设施			
1	行政村4G覆盖率	5	网络设施水平
2	4G基站建设数量	6	农村宽带接入用户数
3	行政村通光纤比例	7	信息进村入户工程数量
4	农村互联网普及率	8	数字电视网普及率
数字农业生产经营			
序号	指标	序号	指标
1	种植业数字化	4	设施农业数字化
2	畜牧业数字化	5	农垦数字化
3	渔业数字化	6	种业数字化

（续）

数字农业生产效益			
序号	指标	序号	指标
1	农产品质量安全追溯水平	4	农村居民人均可支配收入
2	农产品网络零售额	5	农业生产率
3	农业数字经济占农业增加值比重	6	邮政农产品包裹业务数量

数字农业技术和人才			
序号	指标	序号	指标
1	农业科技进步贡献率	5	农业科研院校数量
2	农技推广机构数量	6	地方科研机构团队数量
3	农作物耕种收综合机械化率	7	运营益农信息社培训人员数量
4	农业科技成果转化数量	8	乡村义务教育学校专任教师本科以上学历比例

随着数字经济与各行各业的融合加深，市场各机构对我国数字农业发展水平进行了测度。以农业农村部发布的《2020 全国县域数字农业农村发展水平评价报告》《2021 全国县域农业农村信息化发展水平评价报告》两个报告中的评价指标体系为核心，参考其他机构对数字农业发展水平、现状的相关研究内容，梳理出 23 个指标，包含发展环境、基础支撑、生产信息化、经营信息化、生产经营效益 5 个方面（表 4－5）。

表 4－5　研究报告中数字农业发展水平相关指标

发展环境			
序号	指标	序号	指标
1	乡村人均农业农村信息化财政投入	3	网络设施水平县级农业农村信息化管理服务机构综合设置情况

（续）

发展环境			
序号	指标	序号	指标
2	乡村人均农业农村信息化社会资本投入		

基础支撑			
序号	指标	序号	指标
1	互联网普及率	3	家庭宽带入户率
2	全国行政村通光纤率	4	全国行政村 4G 覆盖率

生产信息化			
序号	指标	序号	指标
1	大田种植信息化水平	4	水产养殖信息化水平
2	设施栽培信息化水平	5	畜牧业数字化
3	畜禽养殖信息化水平	6	农机装备数字化

经营信息化			
序号	指标	序号	指标
1	农业科技进步贡献率农产品网络零售额占比	4	畜禽养殖业农产品质量安全追溯信息化水平
2	大田种植业农产品质量安全追溯信息化水平	5	水产养殖业农产品质量安全追溯信息化水平
3	设施栽培业农产品质量安全追溯信息化水平		

生产经营效益			
序号	指标	序号	指标
1	全面质量管理种植业规模	4	食品数字化
2	全面质量管理水产规模	5	农产品年网络零售情况
3	全面质量管理养殖业规模		

二、学术文献相关指标统计

数字农业发展水平评价指标相关的研究文献数量上呈现出随着时间递增的特点，数字农业的发展是建设农业强国的必由之路，随着农业现代化的不断推进，为更高效、科学地推动数字农业发展，数字农业水平评价等方面的研究将成为热点。通过相关文献梳理，汇总了学者们评价数字农业发展水平时使用的指标，由于有些指标表述虽然略有差异，但本质上却属于同一指标，因此对相同指标进行了筛选。最后共得到数字农业发展水平评价指标 156 个。数字农业发展水平评价指标可以从行政单元进行划分（如省、市、县、乡、村等），也可以从指标的属性类别进行划分。本书将这些评价指标大致归类为数字农业发展环境、数字农业数字基础设施、数字农业生产经营、数字农业生产效益、数字农业绿色生产 5 个方面，表 4-6 至表 4-10 从这 5 个方面列出了所有文献剔除相同指标后出现的数字农业发展水平评价指标。

表 4-6　数字农业发展环境评价指标

序号	指标	序号	指标
1	乡村人均农业农村信息化财政投入	11	农林水事务支出占财政支出的比重
2	乡村人均农业农村信息化社会资本投入	12	区域数字农业建设投入
3	科学研究和技术服务业固定资产投资	13	农村居民人均可支配收入
4	信息传输、软件和信息技术服务业固定资产投资	14	农林牧渔业总产值
5	交通运输、仓储和邮政业固定资产投资	15	农林牧渔业增加值比重
6	地方财政科学技术支出	16	有效灌溉面积
7	地方财政农林水支出	17	种植面积
8	地方财政交通运输支出	18	邮政业网点个数
9	信息科研和数字技术固定投资	19	农村用电量
10	农业支出占财政支出的比重	20	县级农业农村信息化管理服务机构综合设置情况

（续）

序号	指标	序号	指标
21	农业气象观测站个数	42	农民技术培训学校毕业人数
22	电子商务交易活动的企业数占比	43	农村中专以上学历的人数比例
23	淘宝村数量	44	农村地区信息技术从业人员占比
24	网络业务总量	45	农村地区科技型人才占比
25	第一产业就业比重	46	农用机械总动力
26	农村专业技术协会成员数量	47	规模以上电子信息产业 R&D 人员全时当量
27	数字农业服务从业人员比例	48	规模以上企业数字化经营收入
28	数字农业科技人员比例	49	软件业务收入
29	数字农业人员受训率	50	数字农业技术支持电信业务总量
30	信息传输、软件和信息技术服务业从业人员数量	51	软件和信息技术服务业企业数量
31	农业信息化组织链	52	农业发明实用新型专利申请量
32	交通运输、仓储、邮政业从业人员数量	53	农业科技成果转化率
33	软件和信息技术服务业从业人员占城镇从业人员比重	54	农业科研成果数量
34	农业产业化龙头经营组织数量	55	农业物联网技术应用面积占比
35	科学研究与技术服务人员数量	56	万人农业专家系统和农业数据库拥有量
36	农林牧渔业从业人数	57	农民技术培训学校的数量
37	农村居民平均受教育水平	58	农业数据库数量
38	农民思想开放意识	59	农业科技成果应用率
39	财政科技支出	60	数字化企业数量
40	软件和信息技术服务业企业数量	61	农业信息化战略
41	每百万农村劳动力拥有农业技术人员的数量	62	数字农业管理制度

表 4-7　数字农业数字基础设施评价指标

序号	指标	序号	指标
1	互联网普及率	18	单位面积移动电话基站数
2	开通互联网行政村的比重	19	农村地区光纤入户率
3	家庭宽带接入用户	20	IPV4 地址数
4	互联网宽带接入用户比重	21	单位面积光缆长度
5	互联网技术服务收入	22	电商服务网站覆盖率
6	移动电话交换机容量	23	单位网点邮政业务办理量
7	农村宽带接入用户	24	单位邮路长度农村投递路线
8	平均每百户接入计算机数量	25	长途光缆线路长度
9	农村地区网民数量占比	26	人均电信业务总量
10	人均移动互联网接入流量	27	村级信息服务站行政村覆盖率
11	平均每百户农村电视接入有线电视网拥有量	28	邮政业网点
12	农村居民平均每百户计算机拥有量	29	农业综合信息服务平台
13	数字电视用户数	30	信息技术服务收入
14	移动电话普及率	31	电商服务站行政村覆盖率
15	每百户智能电视拥有率	32	涉农网站的数量
16	农村有线广播电视用户数	33	涉农网站访问率
17	每百户农村居民家庭固定电话拥有量		

表 4-8　数字农业生产经营评价指标

序号	指标	序号	指标
1	信息技术在种植业中的应用率	5	农业机械化水平
2	信息技术在设施栽培中的应用率	6	有喷灌等设施的耕地面积比重
3	信息技术在畜禽养殖中的应用率	7	高标准农田建设面积
4	信息技术在水产养殖中的应用率	8	生产信息化水平

（续）

序号	指标	序号	指标
9	农业物联网水平	14	畜禽养殖设备在某个特定时间区间内不发生失效的程度
10	新增耕地面积	15	农业信息数据库数量
11	数字农业技术对畜禽养殖产业转型升级规划目标的满足程度	16	智慧农业平台数量
12	畜禽养殖设备的技术条件、生产能力等与养殖工艺要求的适应程度	17	种植业、畜牧业、渔业数字技术应用占比
13	畜禽养殖设备在某个特定时间区间内不发生失效的程度	18	农业数字基地 & 创新基地数量

表 4-9　数字农业生产效益评价指标

序号	指标	序号	指标
1	农林牧渔业增加值	15	电子商务销售额
2	农林牧渔业总产值	16	电子商务采购额
3	农业产值比重	17	有电子商务交易活动企业数
4	农业劳动生产率	18	农产品网络销售率
5	农业土地生产率	19	农产品质量安全追溯体系建设
6	农业投入产出率	20	种植业农产品质量安全追溯信息化水平
7	第一产业增加值指数	21	设施栽培农产品质量安全追溯信息化水平
8	农业在国民经济中所占比重	22	畜禽养殖农产品质量安全追溯信息化水平
9	农村居民人均可消费支出	23	水产养殖农产品质量安全追溯信息化水平
10	农村居民人均可支配收入	24	农产品合格率
11	农业产业化企业数量	25	绿色农产品供给比重
12	农村就业率	26	农业品牌占比
13	农业产业化总量	27	农产品地理标志认证累计数
14	国家级农业产业化数量	28	“三品一标”产品总数

表 4－10　数字农业绿色生产评价指标

序号	指标	序号	指标
1	农药单位施用强度	8	农业环境污染物排放强度
2	农用化肥施用量	9	万元农业增加值用水量
3	化肥施用强度	10	万元农业增加值能源消耗量
4	单位面积水污染量	11	林业重点生态工程建设情况
5	单位面积塑料薄膜使用量	12	种植业、畜牧业、渔业单位面积产量能耗比率
6	水土流失综合治理面积	13	自然灾害监测率
7	农村人均用电量	14	森林覆盖率

从指标中可以看出，由于数字经济时代的迅猛发展，有些指标过于陈旧，显然已经不适于进行农业数字化水平评价，需要不断去旧纳新。例如，“每百户农村居民家庭固定电话拥有量”等评价指标，在当前社会条件下，显然已不适宜作为数字农业发展水平评价指标，要随着时代的发展不断更新评价指标，例如“5G 覆盖率”“互联网普及率”等指标。数字农业发展水平评价指标具有明显的时代性与动态性，指标的选择应与时俱进，评价结果才具参考意义且更具说服力。

其次，数字农业发展水平评价指标需能够科学合理地对农业数字化水平进行测度，在评价指标的研究过程中发现，有些评价指标过于笼统抽象或内涵过于宽泛，度量难度大，如“农民思想开放意识”，该评价指标的度量具有很大的主观性，给后期评价带来困难；有些指标不够明确，如“农业信息化组织链”“农业信息化战略”“数字农业管理制度”等评价指标，由于这些指标的内涵过于宽泛，会导致评价者无法明确要采集什么数据。所以评价指标的设置要尽量保持客观性且具有明确的内涵，以保障数字农业发展水平的评价、监测及预警工作顺利进行。例如“化肥使用强度”的内涵过于宽泛，而“化肥单位面积施用量”的内涵就相对较为明确。

另外，部分评价指标名称不同，但内涵基本相同，即虽然表达方式有所不同，但实际所指是同一内容，属于异名同义的评价指标。如“互联网普及程度”与“互联网普及率”。评价指标的名称应尽量参考相关政策文件，用规范化标准化的语言进行描述，若没有文件参考需尽快制定标准，使名称规范统一。而且，表中罗列的指标还存在同一指标不同作者对其归属不同的问题，在构造指标体系时要充分考量一级指标类别与该指标的内涵，仔细推敲，根据实际情况构建科学合理的评价指标体系。

第三节　山地数字农业发展水平评价指标体系探索

一、评价指标筛选

随着新信息技术的发展，数据指标逐步被大众认可为衡量目标的方法。为保证各评价指标使用的合理性，确保评价结果的客观性和科学性，建立山地数字农业发展水平评价指标体系应遵循全面性、科学性、与时俱进、可计算、相关性原则。

1. 全面性原则

山地数字农业所包含的领域应进行较为全面的概括，不仅仅局限在数字技术的应用方面，应包含发展环境、数字基础、生产经营、生产效果、绿色生产等在内的农业生产全过程、全产业链的数字化。另外，需要注意评价指标之间既独立又互补。

2. 科学性原则

在宏观维度，保证多层结构设计有充分的理论支撑，并且与政策文件相契合，充分考虑各一级指标与理论的对应契合度和科学性；在微观维度，尤其是在定量指标和定性指标的选取上，确保指标之间科学可比，选取的评价指标应具有代表性，能够对山地数字农业水平起到决定作用，而不是把所有的影响指标都列上。

3. 与时俱进原则

数字农业发展水平评价指标具有明显的时代特征，因此要摒弃不符合时代发展的评价指标，加入更契合时代特征的指标。特别是随着时代进步，数字技术更新迭代较快，山地数字农业发展水平的衡量需要以最新的技术标准和效益做参考。

4. 可计算原则

首先，保证所选取指标的数据可获得以及数据的准确性，既包括现阶段数据容易获取，还要保证在可见的未来一段时间，数据能够持续获取。其次，数字农业水平的发展程度需要通过数学模型进行计算，这就要求采集的评价指标数据能够进行定性与定量计算。

5. 相关性原则

在构建多层综合指标体系时，应当能够反映不同子系统与各子系统要素指标之间的层次性，充分考虑指标体系的内部逻辑，以及结构特点，山地数字农业发展水平评价指标体系作为一套系统，应当建立一定的内部关联性，能够对子系统拆解与合并，而不丧失评价的客观完整性。

二、评价指标体系构建

当前关于山地数字农业发展的研究较少，还没有公认、统一的定义，因此也没有形成标准体系的评价指标。为评估现阶段山地数字农业发展水平，分析制约发展的问题，总结长期发展趋势，推动山地数字农业高质量发展，需要一个科学、全面、具有指导意义的评价指标体系。本书参考“数字农业”“农业高质量发展”“农业信息化”等评价指标相关的学术文献与机构相关研究报告，以国家政策文件提出的目标为导向，在厘清山地数字农业特征内涵的基础上，结合山地农业发展实际，严格遵循指标遴选的5个原则构建多级综合性指标体系（表4-11），包含山地数字农业的发展环境、数字基础设施、生产数字化、发展效益、绿色生产5个一级指标及22个二级指标。

表 4-11　山地数字农业发展水平指标体系

一级指标	二级指标	指标解释
发展环境	农业信息化财政投入情况	乡村人均农业信息化财政投入（元/人）
	农业信息化社会资本投入情况	乡村人均农业信息化社会资本投入（元/人）
	丘陵山区农机补贴情况	丘陵山区特优农业生产急需机具补贴额测算比例（%）
	山地数字农业新增耕地面积	新增耕地面积（hm^2）
	农业科学研究人才规模	农业科学研究和技术服务业就业人数（万人）
	数字农业人员培训情况	数字农业人员受训率（%）
	农业科技成果转化情况	农业科技成果数量（个）
	山地农业机械化水平	山地农业机械总动力（万 kW）
	农技推广机构建设情况	农技推广机构数量（个）
数字基础设施	互联网普及率	农村宽带接入户数/乡村户数（%）
	农村地区光纤入户率	行政村通光纤的户数/乡村户数（%）
	光缆线路建设情况	长途光缆线路长度（km）
生产数字化	大田种植数字化	大田种植数字化水平：分作物品种监测大田种植业中农机作业信息化、水肥药精准控制、“四情监测”等信息化应用覆盖面积/大田种植总面积（%）
	设施栽培数字化	设施栽培数字化水平：监测设施栽培业中环境信息化监测、环境信息化控制、水肥一体化智能灌溉等信息化应用覆盖面积/设施栽培总面积（%）
	畜禽养殖数字化	畜禽养殖数字化水平：分畜禽品种监测畜禽养殖业中养殖场环境信息化监测、养殖场环境信息化控制、自动化饲喂、疫病信息化防控等信息化应用覆盖面积/畜禽养殖总面积（%）
	水产养殖数字化	水产养殖数字化水平：分水产品种监测水产养殖业中信息化增氧、自动化投喂、疫病信息化防控等信息化应用覆盖面积/水产养殖总面积（%）

（续）

一级指标	二级指标	指标解释
发展效益	数字农业土地生产率	农业数字经济增加值/耕地面积（万元/hm^2）
	农业劳动力人均经济产出	农林牧渔总产值/第一产业就业人数（万元/人）
	农村居民可支配收入	农村居民可支配收入（元）
	农产品网络销售情况	农产品网络零售额/农产品总销售额（%）
绿色生产	化肥使用强度	单位面积化肥施用量（万 t/khm^2）
	农药施用强度	单位面积农药投用量（t/khm^2）

（一）发展环境

数字农业发展环境是促进数字农业发展的基础，从传统农业生产要素考量，围绕资金、土地、人才、科技 4 个方面设置了包含资金支持环境、土地资源环境、人才资源环境、科学技术环境的 9 个二级指标。其中，资金支持环境包含农业信息化财政投入情况、农业信息化社会资本投入情况、丘陵山区农机补贴情况 3 个二级指标；大量的财政资金投入为数字农业发展提供资金支持，同时有利于营造数字农业发展的良好氛围，而社会资本的涌入更是加速数字农业向纵深发展，完善其产业链，为数字农业发展带来多元效益，丘陵山区农机具补贴则是帮助山地农业尽快克服机械化问题。土地资源环境下设山地数字农业新增耕地面积这 1 个二级指标，山地农业耕地面积越大，越有利于山地农业数字化规模发展。人才资源环境包含农业科学研究人才规模、数字农业人员培训情况 2 个二级指标；相比普通农业生产，数字农业还需要懂科学技术的农业劳动力来进一步推动数字技术在农业生产中的应用。科学技术环境包含农业科技成果转化情况、山地农业机械化水平、农技推广机构建设情况 3 个二级指标；科技创新是数字农业得以发展的核心，山地农业机械化率是提升山地农业作业效率的关键，而农技推广机构对农业技术的推广传播，将发挥科学技术对山地农业发展的倍增作用。总之，农业科技成果数量、山地农业机械化水平、农技推广机构数量与山地数字农业发展水平呈正相关关系。

（二）数字基础设施

数字农业基础设施是发展数字农业的载体，数字作为生产要素加入农业生产中不仅促进土地、劳动、资本、人才等要素和资源的有效重组配置而且促使传统生产要素更大价值地发挥，提升全要素生产效率。因此根据数字农业的内涵特征，这里设置数字基础设施单独作为一级指标，把代表农业发展基础的指标归类为发展环境，不同于其他学者用农业基础设施统一作为一级指标。计算机硬件、软件、电信设备等是支持农业数字化生产经营和发展的数字基础设施，从而设置了3个二级指标，互联网普及率、农村地区光纤入户率、光缆线路建设情况。其中，互联网普及率和农村地区光纤入户率越高，光缆线路越长，越有利于农业与数字经济的融合发展，助力农业朝数字化生产经营转型。尤其是山地具有封闭性特点，而良好的数字基础设施可以便于信息快速获取，帮助山地数字农业和市场有效连接。

（三）生产数字化

生产数字化是数字农业中数字技术在农业生产环节的直接应用。数字农业在生产环节进行实时监测，采集、反馈相关实时数据为生产操作和经营决策提供依据，山地的气候、地形、土壤等条件复杂，需要通过加强观测提升农业生产效率和质量。所以山地数字农业的生产信息化主要通过农业生产监测的信息化来衡量。例如，水肥药精准控制、“四情监测”等是大田种植中的数字化应用；环境信息化监测、环境信息化控制、水肥一体化智能灌溉是设施栽培中的数字化应用；养殖场环境信息化监测、养殖场环境信息化控制、自动化饲喂覆盖面积、疫病信息化防控是畜禽养殖中的数字化应用；信息化增氧、自动化投喂、疫病信息化防控是水产养殖中的数字化应用。因此，根据应用场景设置了4个二级指标，即大田种植数字化、设施栽培数字化、畜禽养殖数字化、水产养殖数字化，这些场景是山地农业生产经营中数字技术的具体应用，更能体现数字农业发展水平，它们在生产经营中应用的面积越大，数字化水平越高，越有利于山地数字农业发展水平提升。

（四）发展效益

山地数字农业发展效益体现了数字农业发展的成果，直接反映出数字农业的建设成效，是实现农业现代化的关键支撑。设置数字农业土地生产率、农业劳动力人均经济产出、农村居民可支配收入、农产品网络销售情况 4 个二级指标。土地生产率越高，农业劳动力人均经济产出越多，这意味着山地农业因数字技术而提高了全要素生产率，是数字农业在生产环节水平的提升。农村居民可支配收入和农产品网络销售额越高，数字农业发展水平越高，农民收入和农产品销售额的增加是数字农业发展带来的直接经济效益体现。

（五）绿色生产

绿色生产是山地数字农业可持续发展的体现。数字化农业是以绿色可持续发展为理念，通过农业信息监测和农业决策支持系统，保障农业绿色高效生产。基于“3S”技术的农业机械，可自动控制进行各项作业，完成诸如精准播种、施肥、除草、采收、畜禽精准投料饲喂等多项功能，实现在同一地块的不同地方矢量施肥与喷药，确保农药、化肥的高效利用，避免环境污染。因此在绿色生产这一指标下设置了化肥使用强度、农药施用强度 2 个二级指标，单位面积的化肥施用量和单位面积农药投用量越少，则数字农业发展水平越高，因为基于数字技术的数据监测和农业生产决策可以实现精准生产，在提高生产效率的同时节约化肥、农药施用量。山地本身土壤条件较差，为实现山地数字农业的可持续发展，绿色生产就尤为重要，因此绿色生产是衡量山地数字农业发展水平的重要指标之一。

三、指标评价方法

山地数字农业发展水平评价体系是用来评估和衡量山地丘陵地区农业发展数字化水平的一种方法。它主要通过收集、综合和分析各种指标、数据，来评估山地地区农业的数字化程度和发展水平。在对某个区域的山地数字农业发展水平进行测算评价时，可以根据获得数据的实际情况选择合适的方法进行赋权分析。

根据数字农业相关指标评价的学术文献、机构研究报告的梳理，指标评价方法主要有熵权法、层次分析法（AHP）、极值标准化分析方法（Min－max）。熵权法使用场景比较广，能够根据数据不确定性判断权重；层次分析法是专家打分计算权重，定性分析和定量分析相结合；Min－max标准化分析方法是对数值进行归一化处理，然后按照权重逐级计算。

（一）熵权法

熵权法最先由申农（C. E. Shannon）引入信息论，称之为信息熵。熵权法是一种客观赋权方法，在具体使用过程中根据各指标的变异程度，利用信息熵计算出各指标的熵权，再通过熵权对各指标进行修正，从而得出较为客观的指标权重。其中，信息熵值越小，指标离散度越大，该指标对综合评价权重越大。熵权法计算权重的过程如图4－2所示，可用于任何评价问题中指标权重的确定，可用于剔除指标体系中对评价结果贡献不大的指标，具有客观性和适应性，缺点在于无法处理指标间存在强相关性的情况，并且对指标数据的标准化要求较高。

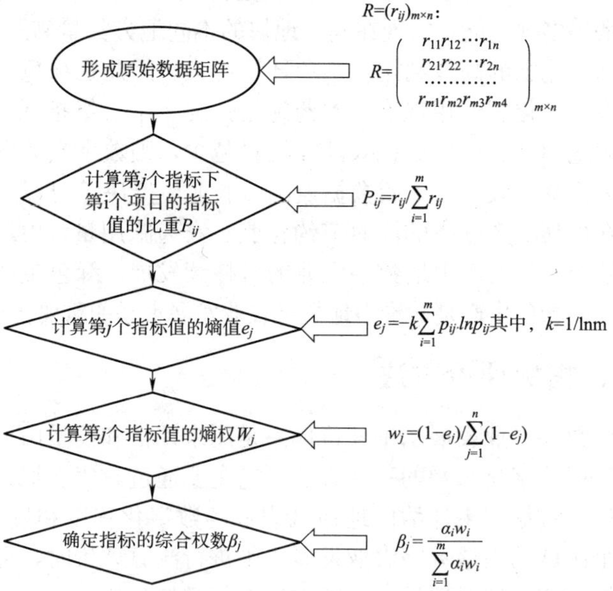

图4－2 熵权法权重计算过程

（二）层次分析法

1970年，美国著名运筹学家萨蒂（Saaty）首次提出层次分析法（Analytic Hierarchy Process，AHP）。层次分析法通过建立科学合理的递阶层次结构，随后确定权重并排序，进而分析解决问题的决策（图4-3）。首先是分析系统汇总各因素之间的关系，将与决策总是有关的元素分解成目标、准则、方案等层次，建立系统的层次结构；接着对同一层次中的诸多因素针对上一层次中某一准则的相对重要性进行两两比较，并给出判断值，构造判断矩阵；再分别进行层次单排序及其一致性检验和层次总排序及其一致性检验；最后根据矩阵计算得分得到权重。其优点在于简洁实用，并且系统性的分析不割断各个因素对结果的影响，缺点在于定量数据较少，定性成分多，而且指标过多时，数据统计量大，权重难以确定。

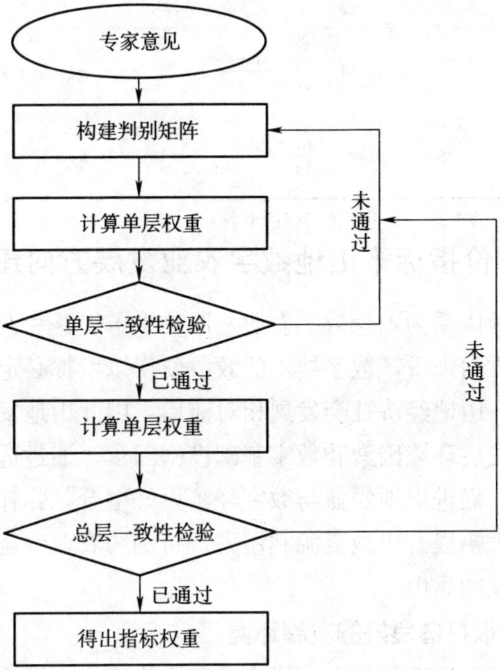

图4-3　层次分析法基本流程

(三) 极值标准化分析方法

极值标准化分析方法（Min - max）是对原始数据进行线性变换。将原始数据的最小值和最大值确定为 0 和 1，然后使用线性变换将其他数据映射到 0～1 的范围内。具体评价过程是对使用 Min - max标准化方法对部分数字范围不在 0～1 之间的最后一级指标进行归一化处理，然后按照权重逐级计算上一级指标值。正向指标和负向指标的标准化计算公式如下表 4 - 12 所示。其优点在于保留了原始数据的相对关系，减少异常值对数据分析的影响；缺点在于如果数据集的分布不均匀，Min - max 标准化将导致数据失真。

表 4 - 12　Min - max 标准化计算公式

指标	公式
正向指标	$y_{ij}=\dfrac{x_{ij}-\min x_{ij}}{\max x_{ij}-\min x_{ij}}(1\leqslant i\leqslant n,1\leqslant j\leqslant m)$
负向指标	$y_{ij}=\dfrac{\max x_{ij}-x_{ij}}{\max x_{ij}-\min x_{ij}}(1\leqslant i\leqslant n,1\leqslant j\leqslant m)$

注：n 为评价对象的个数，m 为评价指标的个数。

四、评价指标下山地数字农业发展方向建议

评价指标体系为山地数字农业发展提供了思路和方向，就指标体系的五个方面来看，数字技术的效益要得以发挥必定离不开良好的基础环境，山地经济社会发展相对滞后，因此山地发展数字农业尤其要注重发展环境因素和数字基础设施因素，通过这两方面基础条件的改善，促进山地农业与数字经济更好融合，弥补山地农业的先天不足，大幅提升山地资源利用率，将制约农业效益的穷山变成高效农业发展的靠山。

(一) 积极打造良好的发展环境

山地因其地形地貌复杂、降水分布不均匀、土壤条件不良，导致发展农业的先天条件不佳，因而山地农业在数字化发展进程中，

更需要打造一个良好的发展环境，为数字化发展提供强有力的支撑。在发展环境方面，山地开展数字化农业生产经营活动相比普通平原更需资金、土地、人才和科技上的支持。一是山地多属于偏远落后地区，经济发展水平不高，财政资金的倾斜和社会资本的注入将助推山地农业数字化转型。二是山地适宜农作物生长的土地有限，地形地貌更是给机械化作业增加难度，因此扩大山地农业耕地面积，进行高标准农田改造，增加山地宜机化农田面积，提高山地宜机化率，可以大幅度降低土地对山地数字农业发展的限制程度。三是山地农业中小农经营较为普遍，小农农户的思想保守僵化，创新意识和能力不足，受教育程度普遍不高。而数字农业需要专业知识储备和专业操作方法，高素质人才缺乏将成为山地数字农业发展的重大阻力，因此山地农业要实现数字化发展，必须重视人才储备，不断扩大农业科学研究人才规模，进行农业从业人员数字化培训，提升农业经营主体综合素质。四是数字化离不开云计算、大数据、物联网等现代化的科学技术，不仅需要加强农业科技研发，持续推动科技赋能农业，在山地实现农业数字化转型还需要适宜山地的数字技术研发和推广应用，提高山地农业机械化水平，突破山地数字技术应用瓶颈。

（二）加快完善数字基础设施

山地农业在生产、生活空间上具有分散性特点以及农业发展的滞后性使得山地农业要实现数字化生产经营更加需要完善的数字基础设施条件，数字技术的蓬勃发展亦离不开良好的数字基础设施为依托。在数字基础设施方面，应加快完善数字基础设施体系，推动城市 5G 网络、物联网、大数据平台等向农村特别是山地农村地区延伸，提升光缆线路建设水平，提高山地农村地区互联网普及率等，不断强化农业数字化转型的基础能力，为山地数字农业发展筑牢根基。一方面，加强数字基础设施建设有利于山区农户互联互通，同时加强与市场的对接，打通产销端，降低山区经济社会的封闭性，提高农业生产经营时效性。另一方面，数字基础设施的提升为山地农业与数字技术搭建了一座稳固的“数字桥梁”。在高效便捷的数字环境下，通过人工智能、大数据、区块链等新一代信息技术与农业的结合，山地变化多端的气候以及生产经营数据能够实时采集、反馈，通过分析作物、畜禽生长数据，从而做出更为精准的决策，助推农业价值跃升。

第五章

山地数字农业实践案例——以重庆为例

第一节 重庆数字农业发展背景

重庆是西部大开发的重要战略支点，处在“一带一路”和长江经济带的联结点上，在国家区域发展和对外开放格局中具有独特而重要的作用。其集大城市、大农村、大山区、大库区于一体，全市辖区面积 8.24 万 km^2，是典型的丘陵山地，全市山地占 75.8%、丘陵占 18.2%，因海拔差异和山脉阻隔形成了沿江河谷、浅丘平坝、深丘、低山和中高山等多种农业生产区域，全面覆盖了丘陵山区农业主要类型及特点。

重庆市对数字农业发展十分重视，积极推动乡村数字化建设，将数字化理念融入农业农村工作全过程，先后出台了《重庆市智慧农业发展实施方案（试行）》《重庆市数字乡村发展行动计划（2020—2025 年）》《重庆市“互联网＋”农产品出村进城工程实施方案（2020—2022 年）》和《重庆市数字农业农村“十四五”发展规划（2021—2025 年）》等一系列政策文件，各区县积极响应，持续优化工作体制机制、加大财政支持力度、强化人才队伍建设及安全保障，形成了全市统一规划部署、区县因地制宜落地实施的一盘棋格局。

在组织保障方面，重庆市本级成立了数字农业发展工作推进小组，各区县依托农业农村主管部门成立了数字农业工作推进小组或专班队伍，构建形成了数字农业农村发展管理及数字农业三级推进体系，区县级数字农业管理服务机构综合设置率达到83.33%，建立了长效发展机制。在资金保障方面，数据显示，2020年重庆数字农业财政投入约17.62亿元，县均数字农业财政投入约4 517万元，县均财政投入水平位居全国第二，远高于全国平均水平；同时，重庆实现吸引社会资本投入数字农业19.39亿元，吸引社会资本投入水平全国第四，数字农业发展资金来源稳定。在人才保障方面，重庆市长期与中国农业科学院、中国农业大学等全国知名科研机构和高校开展数字技术合作，培育了一批跨专业、跨学科、跨领域的数字农业技术创新团队，培养了一批农业农村干部、技术人员和新型农业经营主体，开展农业关键技术攻关、研究和创新以及成果转化应用，营造了积极良好的发展氛围。

重庆经过多年深耕数字农业发展，据《2021全国县域农业农村信息化发展水平评价报告》显示，重庆市农业农村信息化发展总体水平达到43.3%，位居西部第一、全国第七。其中渝北区、巴南区在国家数字乡村试点终期评估中分列全国第六名（西部第一）、第八名（西部第二）。具体成效来看，乡村数字基建方面，实现行政村光纤网络和4G信号全覆盖，5G网络乡镇到达率达100%。数字农业政务方面，形成了“一平台（三农大数据平台）、七个单品种大数据（生猪、柑橘、柠檬、榨菜、脆李、茶叶、黑山羊）、农业产业数字化地图（水稻、玉米、油菜和柑橘四大作物及八大特色经济作物）”大数据资源基础，汇聚治理涉农数据资源4亿条，同比增长4倍。数字农业生产服务方面，全市建成市级智慧农业试验示范基地270个、农民手机应用技能培训年超600余万人次，益农信息社9 441个。在科技创新平台方面，先后获批实施国家数字农业区域创新分中心（西南）和柑橘创新分中心，合川蛋鸡、云阳柑橘、丰都肉牛等6个国家数字农业创新应用基地项目，市级成立了5G+智慧农业创新应用实验室和区块链+农业创新应用实验室，在种植、养殖和种业建设方面不断应用数字技术赋能农业生产，打造出“数字一张图”、鱼菜共生AI工厂、丘陵山地无人果园、国家级重庆（荣昌）生猪大数据中心、“巴味渝珍”农产品电商平台等多种数字农业新模式。

第二节　重庆数字农业典型案例

一、空天地协同“数字一张图”

（一）案例简介

农业产业“数字一张图”由重庆市农业科学院智慧农业创新团队研发，针对重庆市全域 8.24 万 km^2 的范围，创新融合了多源多时相遥感技术、互联网、物联网、云计算和大数据等现代信息技术，突破了重庆地形复杂、地块破碎、地物类型多样等问题带来的地物农业数据精准获取困难的技术难题，率先在重庆市建成了“重庆农业遥感监测‘数字一张图’平台”，实现了重庆全域的主要农作物的种植面积信息的智能提取，长势监测和产量预测等功能，提升了大范围、高频次、低成本、科学精准的产业农情遥感监测技术，为各级政府部门、企业、专业合作社、新型农业主体提供多项精准、有效、持续的信息化服务，促进了重庆农业数字化、精准化发展。

（二）案例亮点

亮点 1：研建了地块级遥感影像智能提取技术

西南区域农业以小农形态为主，耕地零散分布于山区各地，而且形态各异，大多细小碎，种植的农作物种类繁多，种植结构极其复杂；此外，山地区域崎岖的地形特征和特殊的水热条件，导致空间异质性大，耕地信息提取困难加大。对复杂地表空间进行有序重构，采用分区分层的视觉特征分别设计基于集成深度学习模型的耕地地块提取方法，实现了基于高分辨率遥感影像的丘陵山地地块边界提取，为遥感影像数据进一步分析应用打下了坚实的基础。

亮点 2：创新了多业态农作物解译识别技术

农作物类型识别是农作物面积提取、长势监测、产量估计、灾害评估的关键。随着卫星遥感以及计算机技术的快速发展，针对地形复杂、种植模式多样的大区域农作物遥感识别精度低的难题，通过对农作物遥感解译标志进行特征提取和聚类，形成不同农作物解译标志。基于构建的卷积神经网络作物智能提取模型，输入聚类的解译标志子集对解译模型进行训练，生成对应的作物解译模型，根据遥感影像的影像特征智能匹配合适的若干解译模型，实现了不同农作物种植面积智能提取（图 5-1）。

图 5-1　地块级边界自动提取

亮点 3：建立了长势精准遥感监测模型

针对农作物长势监测从宏观尺度向田块尺度监测的需求，构建了国产高分遥感数据农作物全生育期的 NDVI 时间序列，形成了水稻、油菜、玉米等 16 m 空间分辨率 NDVI 数据集。利用高空间分辨率叶面积指数优化高时间分辨率叶面积指数序列，融合主要农作物长势参数 NDVI 和 LAI 算法，拟合生成了关键生育期的叶面积指数时序数据集，为田块尺度作物长势监测提供了高时空分辨率数据支撑。通过 WOFOST 作物生长模型模拟获取作物潜在生产力叶面积指数，以国产高分系列卫星数据为信息源进行作物叶面积指数的定量反演，融合作物生长模型模拟和遥感监测叶面积指数得到作物长势差异指数，将长势划分为 7 个等级，分析评价作物长势情况。

亮点 4：创建了作物产量动态遥感监测技术

针对作物生产精细化管理，利用卷积神经网络从高分辨率遥感影像中学习获取与产量相关的作物多种光谱特征，结合长短期记忆网络从多时相遥感影像中分别自适应学习水稻、油菜、玉米等关键生育期之间的生长变化信息，构建了基于深度学习网络的作物遥感估产模型。基于敏感性分析结果，选择模型与遥感耦合的同化参数，通过集合卡尔曼滤波算法同化遥感反演的 LAI 与模型模拟的 LAI 对作物产量进行预测，实现了作物产量的精准预测，为政府、企业进行粮食生产、计划等决策提供科学依据。

亮点 5：探索了作物监测报告智能生成模式

通过遥感手段对作物长势、气象因子、环境生态因子等指标进行监测，并对历史数据进行深度挖掘建模，实现每年自动生产2～3期每个产业的监测报告，为各级政府部门和各类农业经营主体提供多项精准、有效、持续的信息服务（图 5－2）。

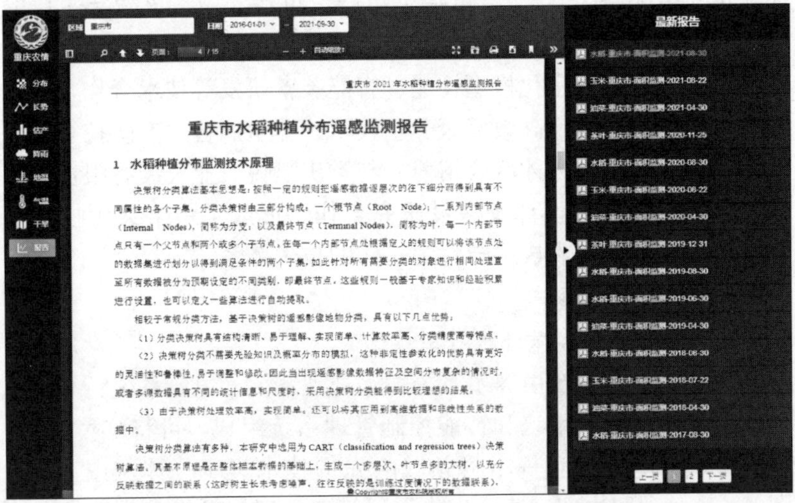

图 5－2　重庆市主要农作物监测报告

二、鱼菜共生 AI 工厂

（一）案例简介

鱼菜共生 AI 工厂是重庆市农业科学院设施农业工程创新团队

研发的一种以水产养殖与水培蔬菜有机结合的新型生态种养智慧农业模式。围绕鱼菜共生工厂化、数字化、信息化、标准化、模块化，开展了核心技术、成套装备与标准模式研究，开发了循环水养鱼系统、智能投饵系统、潮汐式智能物流育苗系统、蔬菜 NFT 物流栽培系统、养鱼尾水“一主两辅”处理与利用系统、智能协同管控平台，率先构建高产、高效、优质、安全的智能化绿色复合生产模式，实现种养环境的全自动精准调控与智能作业，形成智慧农业种养新模式。

梁平鱼菜共生数字工厂位于重庆市梁平区金带镇双桂村数谷农场园区内，占地面积 6 477.56 m^2，总建筑面积 7 793 m^2，于 2023 年 2 月建成投产运行。数字工厂作业区由一层的 4 套智能化循环水养殖系统 2 000 m^3 水体养殖区和二层 1 800 m^2 设施蔬菜种植区组成，可年产鲈鱼 150 t，绿色蔬菜年产量可达 40 t。该数字工厂的研发单位重庆市农业科学院与国家数字渔业中心长期开展鱼菜共生精准测控技术、数字化模型构建、智能装备研发等技术合作，与西南大学密切开展水产高效健康养殖技术、养殖病害生态防控等技术研究合作和研究生人才联合培养，与重庆凯锐农业发展有限责任公司开展工程标准化设计及建设研究合作，形成了鱼菜共生技术开发、工程设计研发和成果转化为一体的技术体系。

（二）案例亮点

亮点 1：高密度循环水养鱼系统

循环水养鱼系统由养殖系统、水处理系统、恒温系统、水质智能监测系统、供氧系统和智能控制管理系统组成，可将环境工程、现代生物、电子信息等学科领域的先进技术集于一体（图 5 - 3、图 5 - 4）。利用物理过滤、生化作用等水处理技术将净化后的水体重新输入养殖池，以去除养殖水体中氨氮、亚硝酸盐氮等有害污染物，达到净化养殖环境的目的。供氧系统采用液氧，代替了传统的制氧机，避免由停电所带来的鱼类死亡。此外，本案例可实时监测养殖过程中的环境因子，如溶氧、液位和水温等，当参数低于阈值时可预警。整套循环水养鱼系统由智能管控平台进行综合管理，养殖密度达到80 kg/m^{3}以上，日换水量小于3%，实现了大口黑鲈养殖年产量150 t。

循环水养鱼系统总体已达到国内领先水平，在资源化利用、系统集成等方面实现自主创新，但与国际先进技术相比还有一定差距，主要表现在水下鱼类生物量无法准确估量、水质参数无法精准调控，未来可利用机器视觉等信息化技术加以解决。

图5-3　工厂化循环水养鱼系统（左）微滤机（右）

图5-4　竖流沉淀器（左）空气源热泵（右）

亮点2：饵料精准投喂系统

饵料精准投喂系统由视觉采集、饵料运输、饵料存储、精准投喂等模块以及轨道式投饵机器人组成，通过视觉识别算法对视频数据进行滤波降噪预处理、灰度共生矩阵特征提取、深度学习模型构建，获取鱼群摄食信息，并结合历史数据预测预警模型制定投喂决策，实现定期自动投喂、巡检功能（图5-5）。本系统创造性地利用机器视觉技术，结合工厂化养殖环境下的自动整形输送线、饵料出入库输送线、堆垛解垛机器人、饵料拆袋上料输送线、智能饵料称重搅拌仓、饵料暂存仓、饵料精量待送仓、负压饵料输送管道、饵料负压暂存仓、轨道式精量投饵机等成套作业装备，实现全流程的智能化投饵。该系统基于“环境-生物-摄食行为-残饵识别”多元信息融合的智能投喂方法，实现了多规格饵料称重配比、远距离无损输送、自主导航精量投喂等环节无人化作业，最大工作效率3 t/h，投饵重量精度±2%，投饵抛洒直径4～6 m，节省劳动力90%，饲料浪费降低20%以上，能够根据养殖场景特征，智能定制投饵系统，满足工厂化养殖需求。

下一步，将综合运用水产学、人工智能与立体视觉技术，解决水下无接触式鱼生物量数据（尺寸、形状、质量）获取困难的问题，探求鱼质量多形态特征参数随时间变化的确定性关系，构建基于水下立体视觉的鱼生物量估算模型并进行验证，实现工厂化循环水养鱼过程中鱼生物量数据的无损、快速、准确测量，为工厂规模化养殖的精准投喂、产量预测提供科学依据和理论支撑。

图5-5　精量投饵机

亮点 3：潮汐式智能物流育苗系统

潮汐式智能物流育苗系统依据蔬菜育苗基质处理、穴盘基质装填、压穴、播种、表面覆土、喷淋、物流、苗床育苗、灌溉环控、出苗的生产作业流程，针对育苗物流运输环节人工操作比例大、劳动强度高等生产问题和育苗盘摆/取/补等物流环节设备产品少的行业问题，围绕穴盘播种线—输送线—苗床、苗床—输送线—移栽定植线的智能物流运输，研发育苗盘解垛机、育苗盘装杯机、苗床智能摆/取/补盘系统，集成现有成熟的基质处理设备、自动播种线、皮带输送线、潮汐式物流苗床、移栽定植线等设备，并基于 PLC 的协同控制系统，形成工厂化育苗全程无人化的成套解决方案，实现蔬菜育苗全环节全天候的无人化生产作业，实现育苗“机器换人”（图 5-6）。整线工作效率≥300 盘/小时，8 小时最少可以播种 2 400 盘；而人工播种效率为每人 30 盘/小时，完成 2 400 盘最少需要 10 个人才能在 8 小时内，潮汐式育苗智能物流系统相较人工工作效率提升 10 倍以上，年产出蔬菜种苗 52 万株。

潮汐式育苗智能物流系统在后期补苗、移栽、智慧化的灌溉等方面和国外还有一定差距，还需在信息化方面进一步改造升级。

图 5-6　潮汐式物流育苗系统

亮点 4：蔬菜 NFT 物流栽培系统

围绕蔬菜生产过程中的劳动强度大，生产作业自动化、信息化程度低的问题，开展了自动抓取及变距机构、浅液流物流栽培技术及生产方法等方面的研究，形成了蔬菜 NFT 物流栽培系统

（图 5－7）。该系统由 NFT 栽培槽、栽培槽输送机构、自动移栽机构、栽培槽物流机构、循环水灌溉及自动控制系统等部分组成，采用流水线作业的模式，通过传感器、机电一体化及自动灌溉等技术的应用，实现了移栽、转运、培育、灌溉、采收等全环节标准化流水线生产与无人化作业，大大节约劳动力成本，作业效率＞800 株/h，占地面积 1 300 m^2能定植 2.6 万株/批次，每年定植 8～10 茬，生产高品质蔬菜 40 t，单位面积产量 45 kg/m^2 · a。同时，NFT 栽培区域内配套了循环水灌溉系统，利用养鱼尾水作为灌溉水源，为叶菜种植提供优质水溶性肥，降低鱼池水中硝态氮含量，既减少了化肥投入，又净化了水质。

图 5－7　NFT 钵体苗移栽机

亮点 5：养鱼尾水“一主两辅”处理与利用系统

针对养殖水体分类分级利用方式模糊、鱼粪收集转化效率低等问题，构建了以流化床、蔬菜、浓缩机等为核心，以硝态氮累积浓度为界限的养鱼尾水“一主两辅”梯级多元双循环处理与利用系统（图 5－8）。该系统由主循环路线、第一辅线和第二辅线组成。主循环路线包括微滤机、流化床、紫外＋臭氧灭菌器等单元组成，依靠高比表面积生物填料表面形成的黏着性生物膜对污染物进行吸附、传质、分解，确保氨氮、亚硝态氮等鱼类致病环境因子低于

0.2 mg/L；第一辅线由蔬菜栽培系统和过滤器等单元组成；第二辅线由竖流沉淀器、鱼粪收集池、鱼粪浓缩机、厌氧发酵池、好氧发酵池、菌藻共生系统等组成。实现了鱼粪高效浓缩、水溶性肥高效转化利用、厌氧泡沫菌藻原位高效捕获利用，鱼粪浓缩 70 倍以上，硝态氮转化利用效率提高 50%以上，硝态氮的含量低于 500 mg/L，氨氮小于 0.5 mg/L，亚硝态氮的浓度小于 0.2 mg/L，保证了养殖水体的安全回用和系统附加值的提升。

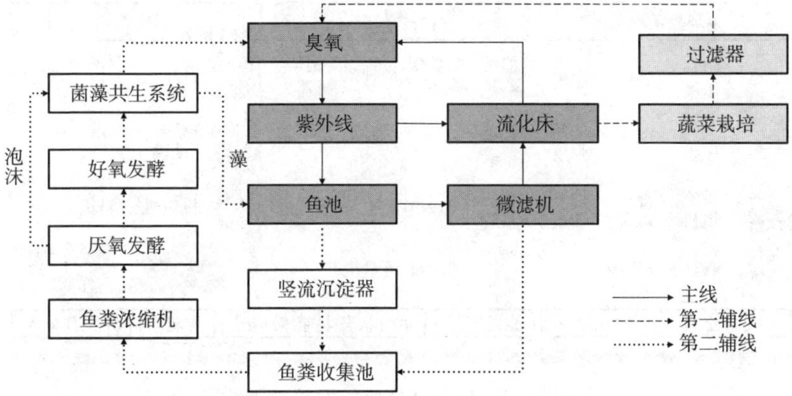

图 5-8　一主两辅工艺流程

亮点 6：智能协同管控平台

智能协同管控平台应用人工智能、物联网等现代技术手段，构建智能投饵系统、环境管控系统、设备监测诊断系统，基于 PLC/IPC+DTU+B/S 的物联网测控和全生产链数字孪生平台，对各个生产环节进行智能化管控，实现水质在线监测、投饵机、循环水泵、湿帘风机设备远程自动控制、生产数据检测预警，满足了鱼菜共生动态营养平衡和关键环境因子精准调控的需求（图 5-9）。该架构具有较强拓展性和应用价值，具有多种农业物联网应用场景，且标准化的工艺保证了现存项目的可复制性、可扩展性、易维护性与高产出性，有效降低了劳动力成本，可以实现一个管理人员管理全部设备的目的。协同管控平台实现全流程自主研发，且与国内外行业内先进水平相比，具有生产操作舒适、设备维护简便、运行成本低等优点，系统通过构建数据标准格式，修订数据存储及传输格式，针对生物量计算、行为量化、水质参数多模型及子系统的集成要求，分别在云平台架构设计、数据库设计、养殖智库构建、多模式接口协议开发等方面开展研究，构建了智能协同管控平台新模式。

目前此系统技术要求高、建成条件较苛刻、成本高、能耗较高，下一步预增设系统能耗检测模块，进一步优化非必要能耗，最大程度降低运营成本。

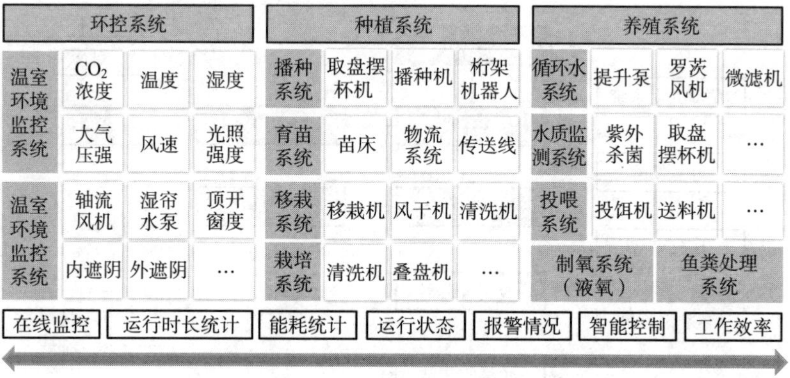

图 5-9　鱼菜共生管控云平台架构

亮点 7：构建不同鱼菜共生工厂生产模式

根据产业发展需求，构建了鱼菜共生数字工厂和微工厂两种生产模式（图 5-10）。数字工厂模式由高密度循环水养鱼系统、蔬菜智能育苗系统、NFT 物流栽培系统、环境智能调控系统、养鱼尾水收集处理系统、鱼饵料精准投喂系统等六大智能系统和智能监测预警管理云平台构成，实现了水产品的高密度养殖、养殖尾水的高效循环利用和智能化、少人化作业，蔬菜种植的无人化绿色种植。面向乡村产业化，在礼让镇川西渔村建设了经济、实用、高效的鱼菜共生微工厂，配备循环水养鱼系统、循环水处理系统、鱼粪生化处理系统，水培蔬菜种植系统、增氧系统、温度调节系统等智能化系统，具有鱼菜设施轻简、模块设备快速施工建设、标准化运行维护以及仅需 3～5 年的投资回报期等优点，投资少、节约土地和水资源特点突出。

鱼菜共生数字工厂前期建设成本较高，对后期生产运维人员的专业要求也较高。作为以生产为主的模式，可适当减少部分传感器数量及机电设备使用，可在播种、育苗、移栽、灌溉等环节利用自动化的设施设备解决劳动生产强度大的问题，其他环节适当降低自动化、智能化设施设备投入，以此降低前期建设投入及后期运维难度，提高推广价值。

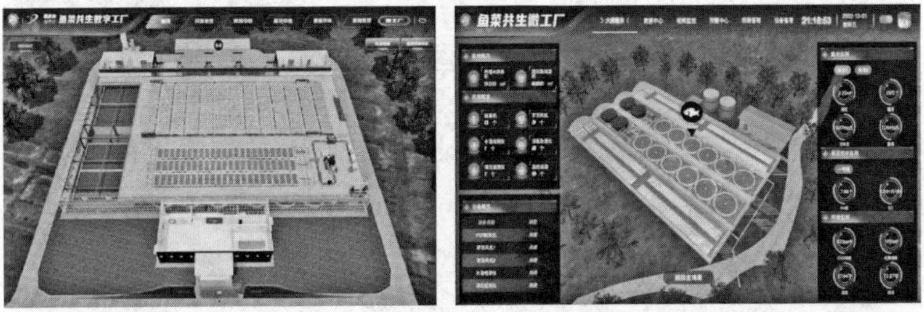

图 5－10　千万级鱼菜共生数字工厂（左）百万级鱼菜共生微工厂（右）

三、丘陵山地无人果园管理平台

（一）案例简介

丘陵山地无人果园管理平台，由重庆市农业科学院智慧农业创新团队研建，平台建设以重庆市智慧农业四大行动为指引，围绕“智能感知—智能诊断—智能决策”，针对丘陵山地地形复杂、地块破碎等特点，运用农业遥感、AI 识别、数据挖掘、智能农机等信息技术，以丘陵山地果园精准智能管理为切入点，以提高果品产量和品质为目标，多源重构分辨率达 5 cm、面积覆盖达 133.33 hm^2 的果园地块级数字地图，实现无人果园的数据、标准和管理统一（图 5－11）。该无人果园管理平台成功入选 2021 年中国国际智能产业博览会重庆市大数据智能化应用十大“智慧农业”精选案例，为政研企、产学研深度融合提供了新模式。

平台以“1＋4”模式为架构，“1”即一个数据中心，“4”即果园环境监测、精准管理、远程监控和智能农机等四大功能。全方位

"聚通用"实现种植生产作业远程实时监管，提升生产管理作业效率，确保果园的智慧生产管控能力，果园管理的"全覆盖、全天候、全过程、全自动"。

图 5-11　丘陵山地无人果园管理平台

果园数据"全覆盖"，基于构筑的地块级三维数字地图强大底座，将三维模型数据、环境数据、作物生理数据、地块属性数据、智能农机数据等进行全面汇聚融合，对 133.33 hm^2 山地果园、6 大果树品种实施精准数字化。针对每一个空间和地块，智能获得种植规模、栽植株数等数据信息，再叠加地块和树龄等属性信息，可提前精准测算每株树体果实产量。同时，依托卫星遥感、无人机、物联网等天空地多源协同监测技术，对无人果园的空间环境、土壤环境及病虫害智能识别与监测，实现果园环境立体化、"全天候"监测和生长环境的 24 小时全面感知，为果园精准管护提供稳定可靠的决策依据。

精准管护"全过程"，通过对遥感特征光谱分析，融合果树生长模型、专家决策系统，对血橙、沃柑等 6 大果树品类，从"半休眠期"到"果实作色期"10 个作物生长阶段，进行果树 AI 诊断长势，从而指导果树肥水管护、病虫防治、中耕除草等管理措施，实现阶段化、专业化、精准化的全过程智能管护。

农机协同“全自动”，依靠智能传感、模式识别、导航定位、路径规划、自动避障等技术支撑，结合三维精准数字地图，高效协同无人对靶喷药机器人、无人除草机器人、无人采摘机器人等智能农机，实现所有智能农机数据的互联互通、作业规划、统一调度，从而进行大范围、高精度、高效率的自主作业任务。

（二）案例亮点

亮点1：建立了单株级柑橘长势监测模型

以WOFOST作物生长模型为基础，结合植被遥感产品，构建适合重庆地区柑橘长势监测模型，并以单株柑橘树为监测单元，开展柑橘长势监测及产量预测（图5-12）。在柑橘生长的关键生育期，利用高光谱无人机遥感平台获取模型所需参数，结合果园物联网数据，快捷地编制果树长势空间分布图，深入分析长势分布差异及其原因，为科学调控投入和优化管理决策措施及实施变量精准施肥提供依据。在柑橘产量估测的最佳物候期，从植株冠层光谱和点云融合信息中获取产量预测模型变量，模拟得到单株冠幅、高度、分枝数、叶面积指数等影响柑橘产量的数据，获得单株产量预测，并以此为依据针对植株个体制定相应的隔年结果控制方法和肥水管理措施，在增加果园盈利的同时减少肥料使用量、保护生态环境（图5-13）。

图5-12 单株级柑橘长势监测和产量预测

图 5-13　基于柑橘关键生育期的精准管护

亮点 2：构筑了地块级三维数字地图底座

该平台多源重构分辨率达 5 cm、面积覆盖达 133.33 hm^2 的地块级三维数字底座，精准刻画了 133.33 hm^2 果园、6 大果树品种，重现实景数字果园（图 5-14）。围绕数字底座，融合土壤温湿度数据采集设备、田间气象站数据采集设备、虫情检测数据采集设备、可视化数据采集设备等，智能获得种植规模、果树数量、环境数据等信息，再叠加地块果树树龄等属性信息，可提前预测每株树体果实的产量，实现立体化果园数据“聚通用”（图 5-15）。

图 5-14　地块级三维数字地图

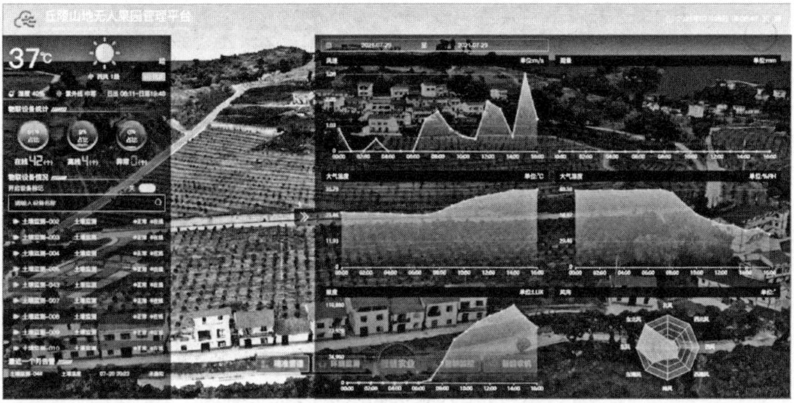

图 5-15　多源异构数据汇聚融合

亮点 3：探索了无人农机高效协同作业模式

结合重庆市农业科学院自主研发山地果园无人对靶喷药机、无人除草机、柑橘采摘机器人等新装备，管理平台实现了所有智能农机数据的互联互通、作业规划、统一调度，从而进行大范围、高精度、高效率的自主作业任务。果园对靶喷药机器人为国内首创，采用履带底盘结构，具有果园通过性好，作业质量高、偏差小、精度高、稳定性强的特点，适宜丘陵山地果园应用；采用新能源做动力，节能环保，可实现全天候作业，劳动效率比人工驾驶高 2～3 倍，极大地提高了农机的使用效率；采用全自动无人植保机，建模后可自行在果园进行农药空中喷洒作业，极大降低了人工打药成本及农药对人体的伤害；采用仿真树形对靶精准施药技术，精准减少了农药用量和环境污染。从而完成大范围、高精度、高效率的自主作业任务。

亮点 4：打破了原有系统的信息孤岛

针对原有系统间不互通、数据孤立、信息割裂等痛点，本平台打通了原有水肥一体化、虫害防治、园区智慧可视化监测等系统间不兼容的壁垒，减少了二次开发成本，提高了资源及数据的使用效率，提升了和扩大了精准管理维度（图 5-16 至图 5-19）。

图 5-16　无人农机高效协同作业场景

图 5-17　山地果园无人对靶喷药机

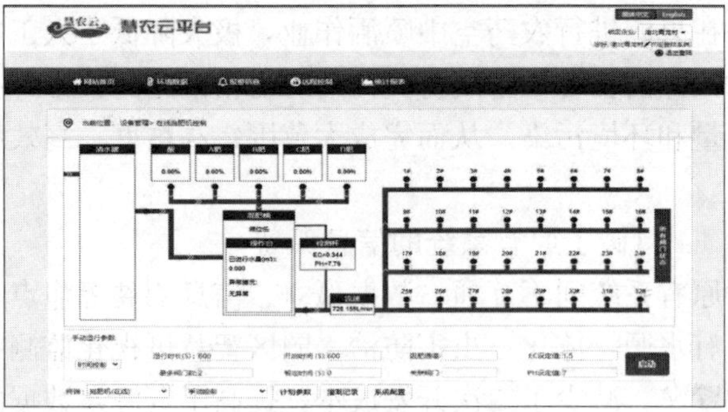

图 5-18　水肥一体化滴灌系统

图 5-19　物联网虫情灯诱测报系统

亮点 5：丰富了无人果园应用场景

以果园和果树植株为载体，围绕智慧农业生产智能化，拓展了果园应用场景，将场景延伸至“互联网＋”果园的农旅融合。通过线上的方式，360°全景呈现园区 VR 图，从多个角度沉浸式体验园区的乡村风貌；同时，也可通过视频监控，实时观看果园的生产场景和果树生长状态（图 5-20）。吸引线上游客到线下采摘，拓宽果园生产的增收渠道，为助力乡村旅游和乡村振兴提供有力支持。

图 5-20　360°鸟瞰果园 VR

四、国家级重庆（荣昌）生猪大数据中心

（一）案例简介

为深入贯彻国家大数据战略，落实中央关于“大力发展数字农业、实施数字乡村战略”的要求，荣昌依托国家畜牧科技城、中国畜牧科技论坛、国家现代畜牧业示范核心区、国家生猪交易市场等畜牧品牌优势，努力做好“一头猪”文章。2018 年 10 月，在第八届中国畜牧科技论坛上，15 位两院院士联名致信国务院，建议国家有关部委支持荣昌建设国家级生猪大数据中心。2019 年 2 月 19 日，国务院批准“同意在荣昌建设国家级生猪大数据中心”。2019 年 4 月农业农村部批复建设国家级生猪大数据中心，成为全国首个、目前唯一的畜牧单品种国家级大数据服务平台。

中心作为农业农村部和重庆市政府“部市共建”、荣昌区政府“承建运营”的国家生猪产业服务平台，立足重庆、服务全国，致力于生猪产业数据化、数据产业化，推动我国生猪产业和畜牧业健康可持续发展（图 5－21）。中心按照“国家平台、公益主体、科技创新、服务民生”的目标定位，重点汇聚国内生猪全产业链数据资源，形成服务于政产学研商的生猪数字产品，保障猪肉食品安全，助力生猪全产业链监测预警，提升生猪产业科技创新能力，促进我国生猪产业数字化、智能化转型发展。国家级重庆（荣昌）生猪大数据中心打造“荣易管”“荣易养”“荣易买”“荣易卖”等创新平台，利用区块链技术实现猪肉产品全程溯源，确保生猪养殖、贩运、屠宰“一站式”实时监管，有效解决生猪交易链条过长、公平缺失、质量难溯、成本难降等一系列问题。

（二）案例亮点

亮点 1：围绕生猪“智能养殖、数字监管、电子交易、智慧消费”开展科技创新，推动生猪产业数字化。

1. 自主研发智能养殖平台

针对传统生猪养殖靠人工、规模小、占地多、成本高、污染重等问题，探索数字养殖、楼宇养殖、绿色养殖，为养殖业主提供科

图 5-21 国家级生猪大数据中心

学规模化智能化养殖方案，降本提效。一是实施养殖场智能化改造。实施全国智能养殖（生猪）试点区项目，项目总投资 2 600 万元，研发建成“智慧养殖、粪污、溯源等区域化综合服务大平台”和 9 个子平台（系统）成果，形成 6 套针对从 200 头至 10 000 头不同规模养殖场的智能养殖“荣昌示范”，可为全国中小养殖企业提供智能养殖解决方案。目前在四川的内江、自贡、遂宁，重庆的万州、武隆等地输出生猪智慧养殖应用场景和管理系统，参与双昌产业园智慧养殖猪场建设。二是探索楼宇集成养殖模式。中心联合重庆市畜牧技术推广总站、天兆集团，针对天兆建设的全市最大楼宇式养猪场，探索楼宇式集成养殖模式。形成集成公猪养殖、配种及妊娠舍、产仔舍、保育舍、培育舍及环保中心等养殖功能，养殖场占地面积仅为传统养殖面积的八分之一，用工人数仅为同规模传统养殖用工的四分之一。三是打造粪污绿色生态链。建设全国粪污数字资源化利用平台，形成粪污全量还田、污水肥料化、固体粪便堆肥利用、异位发酵、污水达标排放的“产—运—用”全过程监控。推动养殖企业对畜禽粪污进行干湿分离、发酵处理，一部分通过管道输送到周边还田，一部分运至有机肥厂加工成有机肥。目前，已运用于重庆农神集团，各类线上用户达280户。

2. 全国最早电子交易平台

一是建设全国唯一生猪活体网市。针对生猪交易的市场不规范、信息不对称、价格不透明、渠道不畅通等问题，荣昌区建立仔猪、生猪、猪肉电子化交易机制，构建全国生猪网络大市场。2013年1月获农村部批准建设国家生猪交易市场，2016年开创全国生猪电子交易先河。生猪交易采用“卖家挂单、买家搜索、线下交割、平台结算”的网市模式，建成“猪淘宝”，为全国生猪及肉制品在线交易＋线下交割提供服务。目前，整个应用产品体系上累计交易生猪8 000多万头，覆盖30个省市，注册用户16万余户，活跃用户保持在3万余户。运行生猪活体交易“价格指数”，成为生猪交易价格“晴雨表”。二是生猪大数据＋气象赋能生猪交易。联合重庆市气象局推广运用“生猪大数据＋气象”，建设“生猪流通与气象大数据平台”，为养殖户、贩运户、仓储企业等提供全方位、智能化、24小时的气象服务，降低生猪在养殖、加工及运输过程中的气象灾害风险。

3. 首创区块链数字监管平台

针对传统生猪养殖以散养为主，面对猪只统计难、疫病防控难、生猪监管难等问题，荣昌区建立生猪全生命周期数字化监管机制，实现全周期闭环监控。一是大数据监管养殖全过程。研发生猪数字监管平台，为全区3万余户生猪养殖场（户）建立防疫电子档案，有效统计猪只数量。养殖户可通过监控端即时发现猪体温等变化情况，及时采取措施救治病猪，减少损失。基层动物检疫人员不入猪舍，实现远程监控养殖区生猪疫病情况和喂养全过程。二是智能系统监测防疫病。建立智能监测管理服务系统，对生猪免疫、人工授精、产地检疫、屠宰检疫申报与受理等在线管理服务，与生猪出栏、贩运流通、产地检疫等动态数据进行关联，准确监管生猪从出生到成品猪肉的来源和去向。利用养殖户端App精准掌握猪只死亡信息，通过数据比对核验，掌握全区范围疫病发生情况，提高防控应对效率。三是研发“生猪监管区块链电子签章”并运行。基于区块链的电子签章签名技术在生猪产业监管的应用，研发“生猪监管区块链电子签章”并试运行，将生猪免疫、产地检疫、屠宰检疫、无害化处理、车辆洗消五个印章电子化、溯源化、无纸化管理，实现章章关联、证章关联、人章关联，解决“提前用印”、用“人情章”、开“人情证”等监管难题，有效防范违规调运非法屠宰和监管廉政风险问题。2021 年 6 月荣昌上线以来，检疫生猪超过 15 万头，基层工作人员普遍反馈提高了生猪检疫效率，完善了监管流程，解决了猪肉分销、一证多用等问题。目前，中心通过区块链技术开发的无纸化出证系统（动检），正在推进与重庆智慧动检融合运行。

4. 首创全产业链溯源消费平台

运用区块链技术，整合生猪检疫免疫、车辆消毒、无害化处理和品质检验等系统信息，开发“荣昌猪产品区块链全过程溯源系统”，得到春华副总理重点关注。在荣昌区各农贸市场及商超设立 20 个猪肉食品溯源门店，打造生猪全链条、全过程溯源的“琪金食品”品牌，实现了猪肉生产到销售“一品一码”“一店一码”溯源查询，消费者都能查得清楚、买得明白、吃得放心。

亮点 2：围绕“数字平台、数据资讯、数据流通、数字金融”强化分析应用，推动生猪数字产业化。

1. 数字平台服务

一是开发和优化生猪数字监管、电子签章、智慧养殖、资源化利用、猪肉溯源等生猪数字平台，在全国智博会、农博会等陆续亮相，并在四川自贡和内江、重庆万州等 5 市区，以及广西数广集团、广东 IPIG、农神集团等 10 余家企业试点运用，赋能地方生猪产业发展。二是生猪数字平台推向全国。2021 年 7 月生猪数字案例入选半月谈评选的“火种计划”2021 数字经济党建优秀创新项目；2021 年 8 月“生猪数字系列产品”亮相全国畜牧兽医统计监测与信息化会议并成为行业典型案例；2021 年 9 月生猪数字案例入选国家七部委组织编制的《数字乡村建设指南 1.0》；2022 年 5 月《重庆荣昌区探索生猪全产业链数字化改革》被重庆市委改革办作为第31期改革工作简报，分送全市，并报中央全面深改会办公室。

2. 数字资讯服务

中心加大数据分析与应用。一是打造生猪指数平台“荣昌指数”，及时反映生猪产业趋势，精准预测生猪产量。注册了“荣昌指数”的中国生猪产业公共指数平台，联合农业农村部信息中心、全国畜牧总站、重庆及四川农业农村委（厅）编制形成“全国（荣昌）生猪价格指数”“全国生猪产业景气指数”“川渝能繁母猪指数”“重庆市能繁母猪存栏指数”等，以上指数被各大期货公司使用并逐渐认可，核心用户超过30家、5 500人次。二是编制生猪行情报告。2021年3月创新开办“每日猪讯”栏目并对外发布260余期，联合市农业农村委已发布《重庆生猪及猪肉市场周报》135期。三是生猪舆情分析。利用各类新闻媒体发布生猪行情分析、价格高位运行分析等专题报道42篇；在重庆第一眼、荣昌电视台开设《生猪行情探》《生猪大数据》等报道栏目50余期。特别是近段时间非洲猪瘟防控，形成5期《重庆市荣昌区动物疫病检测预警每周数据分析报告》，强化非洲猪瘟预警和数据分析，形成数据预警策略、防控工作风险评估体系。

3. 数据互通服务

依托全国首个畜牧单品种国家数据平台，形成全国、全市区、全行业、全链条监管数据和市场数据的数据采集网络渠道。一是汇聚数据资源。接入全国200个农贸市场、500余个种猪场和全国进出口贸易涉猪数据，各省市生猪及猪肉价格实现每日可采，每日获取生猪价格数据13 000余条，猪肉价格500余条，投入品数据7 000余条，中心已累计接入712万条生猪结构化数据，493GB非结构化数据，覆盖生猪、仔猪、猪肉、检疫、养殖等。二是探索数据标准。作为全国信息标准技术委员会数字乡村标准研究组成员，联合国内科研机构推进数据攻关，建立健全生猪全产业链数据目录，高质量发布“荣昌猪数据标准1.0”，完善生猪数据资源图谱。三是数据共享交换。2020年10月，正式对外开放全国首个生猪大数据新型地标——国家生猪大数据运营中心，成为生猪大数据技术交流、数据互通的重要窗口，累计接待 410 余个团体共计 11 000 余人次。

4. 数字金融服务

探索拓展“生猪大数据+”新业态。+征信，启动建设“生猪信用综合服务平台”，推动生猪信用评估、信用查询、信用修复等信用体系建设；+金融，探索与中国农业银行、重庆银行推广“猪e贷”数字金融产品，累计试点贷款 34 笔、发放贷款 1 600 余万元；完成功能需求并建设“活体贷”平台；+保险，与中华联合保险共同开发的保险和无害化联动处理模式，受到基层广泛好评，受益群众 5 万余人。

亮点 3：围绕市场拓展和产业聚集，发挥生猪大数据的产业聚集效益。

充分发挥区域中心拓展、数字经济招商、区域数字转型促进中心、公司市场运营“四大合作平台”作用，推动生猪全产业链融合发展。一是拓展区域中心合作。按照“1+7+30+N”的区域中心渠道布局与建设框架，建设落地国家级生猪大数据中心区域中心，推动地方生猪数字转型发展。截至目前落地四川内江和自贡、广西南宁、广东种业中心等 15 个区域中心，行业带动作用、数字建设示范作用逐步显现。二是开展数字经济招商。围绕大数据区块链产业链，整合资源开展畜牧数字经济招商，2021 年引进智慧城市、生猪 AI 智慧养殖、智慧园区等 10 个项目，项目总投资 44.4 亿元；2022 年上半年引进 4 个项目总投资 8 亿元。三是推进区域数字转型。获批重庆首批区域数字化转型促进中心，培育数字经济新业态，持续打造具有数字化转型公共服务、普惠服务、创新服务、数据要素服务等服务功能，且满足地方政府、企业数字化转型多种公共需求的综合性平台。四是加大市场化运营。中心建设运营主体国农生猪大数据公司，实施“5+3”科技创新战略，2021 年运营自贡市智慧畜禽项目、海盐县农批市场数字智慧项目等 22 个、2022 年上半年运营 14 个市场化项目，深受力合基金、三大通信运营商等资本机构青睐。已联合资本机构启动公司混改（转让国有股权32%），混改后有望实现A轮融资。

五、“巴味渝珍”农产品电商平台

（一）案例简介

加强农业品牌建设，是推动乡村产业振兴的重要抓手，是推动高质量发展、创造高品质生活的重要举措。巫山脆李、奉节脐橙、永川秀芽、荣昌猪、江津花椒……这些知名的重庆农产品都拥有一个共同的品牌“巴味渝珍”。“巴味渝珍”品牌是覆盖全市农业全产业、全品类的农产品区域公用品牌，旨在引领高品质生活。“巴味渝珍”重庆农产品电商大平台（简称“巴味渝珍”平台）是由重庆市农业农村委员会紧紧围绕“互联网+农业”这一细分领域，牵头打造的农产品电商大平台，旨在发挥市场需求的导向作用，汇聚全重庆市优质农产品资源，更好满足广大市民对绿色、优质、安全的品牌农产品，原生态农产品的生活消费需要。通过互联网、大数据、人工智能等新技术应用，让全市的农产品快速上网，促进千万农户有效对接千变万化大市场，进一步增强农民开拓市场、获取利润的能力，更多分享品牌溢价收益。

“巴味渝珍”平台通过三级整合营销方式，由区级平台把控、市级平台整合、营销平台推广，实现聚产品、聚服务、聚渠道、聚宣传。平台已经汇聚了全市38个区县3 176家农业企业，30 563款优质农产品资源。利用“品牌+电商”充分发挥打通农产品产业链、优化供应链、提升价值链的作用。“巴味渝珍”平台设有微信、PC端、App端三种展示形式，目前平台主要通过微信商城，使用户仅需搜索或扫描“巴味渝珍平台”微信公众号即可进入商城首页一键下单全市特色农产品（图5-22）。

（二）案例亮点

亮点1：创建整合汇聚平台，建立农产品供应体系

以“巴味渝珍”重庆农产品电商大平台为引领，整合汇聚全市范围优质特色农产品，促进形成龙头企业带动强、小微电商参与

图 5-22　“巴味渝珍”微信公众号

多、网销产品开发新、集聚效益提升快的良好局面。助推全品类全产业农产品整合，打通农产品全链条，推动构建以市级平台为龙头、区县级平台为支撑、农业龙头企业自主电商平台为主体的农产品供应体系及电商汇聚体系。

亮点 2：搭建资源共享渠道，分享品牌溢价收益

以品牌农产品为重点，提升品牌知名度与认知度，提高农产品商品化率、电商交易比例及品牌附加值，让种养大户、家庭农场、农民专业合作社、农业产业化龙头企业等新型农业经营主体等获得更多的品牌溢价收益。充分发挥市场资源和平台作用，培育多元化农产品电商主体，鼓励电商、物流、商贸、金融、邮政、快递等各类社会资源加强合作，实现优势资源的对接与整合，参与农产品电

商发展，促进农业生产、加工、流通服务业的发展，让大家均能分享到农产品产业链延长带来的红利。

亮点 3：构建推广发展模式，带动品牌农产品销售

以“巴味渝珍”平台为支点，紧密联系实际，加强与第三方平台的合作，积极开展电商直播带货等新业态，促进农产品的销售及品牌的打造。同时保持自身的质量特色，创建品牌宣传推广的可复制性，不断优化农产品公共服务体系，提高农产品流通现代化水平，加快推进信息化在我市农产品的应用和推广，形成农产品市场体系，推动农产品电商的规范化运行，带动品牌农产品销售。

亮点 4：巩固拓展脱贫攻坚成果，助推乡村振兴

以“巴味渝珍”平台为载体，整合各方渠道资源，扩大农产品销售份额，实现产供销一体化发展，以市场需求倒逼农产品生产专业化、规模化、品牌化发展，有利于推进农业生产供给侧结构性改革和农业农村经济的发展。同时，拓展重庆农产品的营销渠道，反哺带动脱贫地区农产品相关产业的发展，促进农民增收、农业增效，实现农业农村经济的繁荣发展，推动社会的和谐发展，助推乡村振兴。

第六章

山地数字农业面临的挑战及对策

第一节　山地数字农业面临的挑战

近年来，国家一系列规划和顶层设计文件，为数字农业发展创造了良好的政策环境，我国数字农业的理论研究和实践应用均取得了一定成绩，各地涌现出一些数字农业的成功案例和典型应用。但我国数字农业仍然处于发展初期，也应该意识到，山地数字农业发展条件相对薄弱，面临一系列挑战，主要表现为以下几点。

一、数字基础设施建设相对薄弱

我国数字农业基础设施建设步伐与数字农业发展需求相比仍然存在不平衡，山地数字农业的基础设施相对更加薄弱，这是一个亟待解决的问题。并且由于区域经济社会发展不平衡，资源普遍集中于平原地区，山地数字农业发展滞缓。乡村5G基站、光纤宽带、物联网设施等新基建设施的数量和布局仍需进一步拓展和完善。

数字农业的核心是数据的收集、分析和应用。农业传感器和监测设备可以实时采集土壤湿度、气温、光照等关键指标，帮助农民做出科学决策。农民通过远程监控系统，可以随时随地监测农田的情况，及时做出生产调整。然而山地地区的通信网络覆盖不完善，信号弱且网络连接不稳定，给数字农业的数据传输和远程监控带来了很大的困扰。在通信网络不稳定的山地地区，这些数据难以及时传输到终端设备上，导致农民无法及时跟进农田的实际情况，影响农业生产的效率和质量。物联网设施的建设也是乡村基础设施建设的重要组成部分，物联网技术可以实现农业生产的智能化管理，提高农业生产效率和质量。然而，目前乡村地区的物联网设施还比较匮乏，限制了农民利用物联网技术进行农业生产的发展。因此，需要加大对乡村地区物联网设施的投资和建设，为农民提供更多的智能化农业解决方案。

二、数据整合共享不充分

由于目前农业农村数据资源分散，公共数据共享不够、开放不足，“数据孤岛”问题突出；天空地一体化信息采集能力较弱、覆盖率低，数据要素价值挖掘利用程度不高，难以利用数据进行整体性、趋势性决策分析。

目前在农业农村领域，农业农村数据资源分散。这意味着数据资源分布在不同地方，没有得到有效的集中管理，这导致数据资源的获取和利用变得困难，数据采集和监测速度慢、精度低、不稳定，同时也增加了数据管理的成本和复杂度，需要建立一个统一的数据平台，将各类数据资源进行整合，集中管理。另外，各类数据资源没有得到有效整合和共享，公共数据共享开放不足，意味着目前公共数据的共享和开放程度还不够高，不同部门、机构或个人所拥有的数据资源无法进行有效的交流和共享，导致数据资源的浪费或重复采集，同时限制了公众对这些数据的使用和利用，需要加强政府和公共机构对公共数据的管理和开放，建立一个公共数据共享平台。此外，天空地一体化数据获取能力较弱、覆盖率低，意味着目前在天空地一体化领域，数据获取能力还比较薄弱，覆盖范围也比较有限，需要加强对天空地一体化技术的研发和应用，提高数据获取的能力和覆盖范围。数据要素价值挖掘利用不够，意味着目前对于数据要素的价值挖掘和利用还不够充分，对于数据要素的价值挖掘和利用还存在一定的困难，需要加强对数据分析和挖掘技术的研发和应用，提高对数据要素的理解和利用能力。

三、创新能力有待提升

中国农业软件、农业传感器、智能农机装备的设计、加工、制造、研发与发达国家差距较大，动植物生长模型、高端智能农机核心芯片绝大部分依赖进口，尚未形成自主可控的技术产品与装备。尤其是山地数字农业领域的关键核心技术创新相对不足，这可能会限制山地农业的发展和现代化进程。由于缺乏关键技术创新，在山地数字农业中缺乏具备自主知识产权且性能稳定的农业专用传感器，这些传感器对于监测土壤湿度、温度和作物生长状态等信息至关重要。另外，农业机器人和智能农机装备的适应性也较差。这意味着这些设备在山地农业环境中的表现不佳。复杂的地形条件和特殊的土壤条件对农业机器人和智能农机装备提出了更高的要求。然而，目前的设备基本无法适应这些特殊环境，导致效率低下和资源浪费。

山地数字农业需要加强创新能力，推动关键核心技术的创新。这将有助于提高农业专用传感器的质量和性能，使其具备自主知识产权。此外，需要研发适应山地农业环境的农业机器人和智能农机装备。这将有助于提高农业生产效率，减少资源浪费，并推动山地农业的现代化进程。

四、融合应用与产业衔接不足

农业产业的数字化主要指的是利用信息技术和互联网等数字化手段，提高农业生产、管理和营销的效率和质量。然而，目前农业领域的数字化应用场景还比较有限，融合应用的机会和空间还不够充分，忽视全产业链经营统筹，忽视三产融合。这导致农业产业的数字化进程相对缓慢，无法充分发挥数字经济的潜力。

一方面，近年来，农业数字化转型稳步推进，数字技术在农业生产经营活动中的渗透率不断提升，但与工业和服务业相比，数字经济在农业中的占比较低。中国信息通信研究院发布的《中国数字经济发展白皮书（2023年）》显示，2022年，第一二三产业数字经济渗透率分别为10.5%、24%、44.7%，农业与数字经济的融合程度还存在较大的提升空间。另一方面，农业产业的数字化程度和数字产业化水平相对滞后，在全产业链中的应用场景不足问题尤为突出，“种、产、销”脱节，并且数字经济在农业产业链不同环节的发展水平各不相同。在电子商务的带动下，流通、销售环节的数字化应用较为广泛，但在生产过程中，家禽养殖业数字化应用水平在20%左右；新型农业经营主体大田耕种管收主要环节的数字化应用水平约为25%。

为了解决这些问题，需要加大对农业产业的数字化和数字产业化的支持力度，提供更多的政策支持和资金扶持，提升信息化技术应用和数字化服务能力，推动农业产业的数字化转型，需要将农业资源、农业生产、农业管理、农业服务统一纳入数字化改造升级框架之中。

五、数字化人才缺乏

数字农业发展除了受到数字农业技术本身及应用条件等客观因素制约以外，还与农业生产主体本身的知识水平和能力素养有关。先进数字农业技术能否转化为现实生产力，需大量懂技术、熟管理、善应用的农业数字化人才作支撑。数字化人才的缺乏是当前面临的一个重要问题，尤其是在山地乡村地区，数字化复合型人才更是稀缺，还往往伴随着主体数字素养的欠缺。

随着科技的快速发展，农业领域也逐渐迈入了数字化时代，数字化农业技术的应用可以提高农业生产效率、降低成本、提高农产品质量等。然而，由于城乡的两极化发展、三产巨大的收入差异，大量农业劳动力转移，经济社会发展相对落后的山地地区更是如此，乡村地区数字化复合型人才的不足，这些技术往往无法得到有效利用。另外，提高主体的数字素养也是关键。数字化农业技术的应用需要农民和相关从业人员具备一定的数字素养，包括基本的计算机操作、网络使用和信息处理能力。然而，目前大部分主体的数字素养水平不高，缺乏对数字化技术的了解和应用能力。

因此，数字化复合型人才的培养亟待加强。需要政府和相关部门加大对乡村地区数字化人才培养的支持力度，建立起完善的培训体系，为乡村青年提供学习数字化技术的机会；加强对农民和相关从业人员的培训，提高他们的数字素养水平，使他们能够更好地应用数字化农业技术；加强数字化农业技术的推广和普及也是至关重要的，政府和相关部门应该加大对数字化农业技术的宣传力度，向农民普及数字化农业技术的优势和应用方法，激发他们对数字化农业技术的兴趣和热情，为农民提供实际操作的机会和指导。只有通过加强人才培养、提高数字素养水平以及推广普及数字化农业技术，才能够更好地推动农业领域的数字化发展。

第二节　山地数字农业发展对策建议

我国农业进入高质量发展新阶段，随着乡村振兴战略的深入实施，农业农村加快转变发展方式，山地数字农业发展将迎来难得机遇。通过对数字农业发展的国外经验、国内现状总结，山地数字农业发展水平评价指标体系的构建，结合大力发展山地数字农业面对的多方面挑战，提出以下对策建议。

一、强化农业领域“新基建”，筑牢数字农业根基

现代农业必须有现代化的基础设施。山地地区因经济社会发展滞后，基础设施建设不完善，新型基础设施建设在山地农村更是有非常大的提升空间，为进一步促进山地数字农业发展，应强化农业领域“新基建”，在农业农村加快布局“信息基础设施、融合基础设施、创新基础设施”三方面内容为主的新型基础设施。

一是加快完善基于新一代信息技术演化生成的信息基础设施，如5G、物联网、数据中心、人工智能、卫星通信、区块链基础设施等。对于已有的基础设施，一方面要基于新技术实现设施升级，如推动移动通信网络从4G向5G升级、固定接入网络从百兆向千兆升级等，另一方面也要适应新需求优化提升设施性能，如适应智能社会发展需求推动数据中心体系向多层次、体系化算力供给体系演进。对于新兴的基础设施，要更注重设施的形态培育、技术研发和应用推广，如加大量子计算，培育新一代智能计算中心等。完善的信息基础设施，有利于信息和资源传输打破时空限制，为农户打破消息壁垒，快速便捷获取新信息。同时，稳定通畅的通信网络有利于监测到的农业生产数据及时上传平台和系统，升级物联网平台数据接入能力，便于生产者根据数据作出科学决策，指导生产运营。

二是加快完善传统基础设施应用新一代信息技术进行智能化改造后所形成的基础设施形态，即加快完善融合基础设施，有效推动传统产业转型升级。基于山地数字农业发展的现实情况，尤其要加强农业物流网络建设，优化农产品物流配送网络、提高农产品运输效率和质量、降低农产品损耗和成本，将山地地形地貌对山地农产品运输的不利影响降到最低，为农产品电子商务发展、农产品网络零售提供有力支撑，助力特色农产品“出山”。

三是加快完善支撑科学研究、技术开发、新产品和新服务研制的创新基础设施。围绕山地农业科学技术研发、品种培育、现代生产设施配套等从自主研究开发到产业化的创新长链条布局创新基础设施，提升原始创新能力，实现山地农业科学技术突破，促进科技成果转化。

二、加快科技创新与供给，推进生产数字化转型

农业科技创新是实现农业现代化、发展农业强国必不可少的支撑手段和载体。不同于传统技术，数字农业技术以大数据、物联网、人工智能、遥感等技术为支撑，以抽象无形的数据为关键

要素，以软、硬件结合为手段。数字农业设施设备和数字技术是数字农业的重要组成部分，通过农业科技创新，把适宜山地作业的设施设备，先进的技术成果引入山地农业生产经营全过程，大幅提升农业劳动生产率、资源利用转化率和农产品商品率，使得山地农业搭上科技创新的“快车”，实现品质更优、效率更高、效益更好的数字化生产转型，解放农业劳动力，促进山地特色农业发展，拓宽农民致富途径，加快乡村振兴步伐。

要提高关键核心技术创新能力，首先，要围绕战略性前沿技术布局攻关关键共性技术难题，研发应用农业人工智能，加快推动技术集成应用示范，加大数字农业领域新技术新产品新模式的应用推广力度。其次，要瞄准与数字农业相关的数字科技领域，围绕数字农业现实需求整合相关资源、统筹多方力量、强化规划引领。

一是壮大数字人才队伍。山地地区农业劳动力大量转移，农业生产者存在老龄化倾向，而由懂知识、懂技术的高素质人才利用科学技术高效高质生产，可以加快推进生产数字化转型。一方面，需拓宽人才下乡的路径。通过返乡建设、“新村民”吸纳、产业补贴等多种方式为山地数字农业发展招贤纳士，鼓励数字人才参与到山地数字农业建设中。另一方面，需拓宽农业数字化人才培养渠道。构建线上线下相结合的数字化人才培养模式。围绕数字农业发展中急需的数字技能，阶段化、定期化、持续化地开展农业数字化人才技能职业培训班。

二是加大政府政策支持力度。一方面，加快制定一系列政策文件，统筹规划，制定合理发展路径。通过布局建设一批农业大数据试点示范县和农业农村数字经济示范区，前瞻性探索5G技术在农业农村中的应用场景，特别是在山地地区的探索；在全国农产品质量安全示范县、一村一品示范村（镇）开展区块链技术应用试点，推动科技成果尽快转化为现实生产力。另一方面，政府部门应积极采取资金扶持措施，增加数字农业技术创新投入，尽快将农业传感器、智能装备等纳入农机购置补贴。

三是加强产学研合作。产学研合作是将技术、人才、资金、信息等创新资源重新配置和动态优化，充分发挥各方的优势，跨越产业、学术界，协同创新共同攻克技术难题。因此，应将产学研合作作为农业科技创新的巨大引擎，鼓励科研机构、高校和企业之间加强合作。除此之外，还需畅通产销两端，研发山地农业发展所急需的技术并推广、普及，为山地数字农业产业的壮大提供强有力的支撑。

三、推动全产业链协调发展，壮大山地数字农业产业

紧跟世界数字农业科技发展趋势，平衡潜在技术需求、产业增长潜力、产品竞争力、技术带动引领性，以推动重大产业项目培育为依托，发展推广山地特色品种，构建农业产业集群。基于数字农业以数据获取分析和数字技术应用为核心的特点，通过整合各类农业数据资源，数字技术在农业生产、营销、管理、服务各环节深度融合应用，补链、延链、强链，实现农业生产、管理全产业链全过程的智能化、高效化和可持续发展。

一是在产前环节充分利用数据进行生产决策。通过数字平台收集和整合各种农业数据资源，包括土壤湿度、气温、降水量等自然环境信息和消费者偏好、农产品价格趋势等市场环境信息，为农业生产者提供精准决策支持，从而更好地安排农作物的种植。

二是在产中环节实现对农业生产过程的智能化管理和决策。通过农业数据建立模型和算法，结合人工智能算法，预测未来的农业趋势和风险，建立便捷、高效、灵活的农业生产经营管理体系，帮助生产者进行精准的农事管理。如，通过图像识别技术用于监测病虫害的发生情况，提前预警并采取防治措施，从而减少农作物的损失；通过智能决策技术定制最佳灌溉、施肥方案等，提高水资源利用效率。

三是在产后环节提供更加高效、便捷的售后服务。通过数字经济在农业领域的渗透，解决传统农业生产中供需不匹配、产销脱节、市场信息不对称等问题，为农业经营管理者提供最佳的销售策

略。在互联网加持下，打开农产品从田间到餐桌的通路，充分利用数字网络加强农产品的推广营销服务，扩宽销售渠道，将山地特色农产品推向更广阔的市场，提高农产品的附加值。除此之外，积极研发攻克农产品精深加工技术中存在的难题，以数字化手段推进一二三产融合发展。

四、打造安全供应链，提供健康绿色产品

在农产品供应链管理中应用区块链、大数据、AI技术等，对生产、加工、储藏、运输等农产品全产业链的诸多环节信息进行全面监管，构建农产品安全储存、运输体系，提升农产品质量安全追根溯源水平。山地农业生产常常存在品质参差不齐，品牌不响，价值难以实现等问题。通过智能化的保鲜储存、运输，透明的生产链路和可追溯的产品历史，不仅使农产品的品质安全得到保障，而且为消费者提供了更多关于产品的信息，增强了消费者对产品的信任度。健康绿色产品的提供有助于形成山地农产品品牌，为农产品质量的提升和数字农业的建设贡献更多力量。

一是提高农产品储存、运输的智能化水平。充分运用现代化的信息技术、物联网、大数据等手段推动农产品储存、运输朝着智能、高效方向发展，实现农产品的精细化管理、高效运作，为农业产业链的转型升级注入新动力。一方面，优化仓储管理，通过物联网技术和大数据分析，实现对库存、出入库等环节的实时监控和管理，提高仓储效率，降低运营成本。另一方面，结合物流配送系统智能化配送，实现农产品的快速、精准配送，提高物流效率，缩短销售周期。农产品储存、运输环节数字化水平的提升，将提高农产品质量和保障食品安全，推动农产品安全供应链的构建。

二是加强农产品追溯。提升山地农业在农业生产管理过程中的数字化水平，建立供应链信息化平台，将物联网、区块链等技术融合，以提高农产品质量和管理效率为目标，推动农产品的溯源体系建设。农产品溯源管理系统从农产品种植、养殖到加工、配送，每

个环节的数据都被记录、汇总和追踪，形成一张清晰的“产品地图”，对农产品的生产、加工、储存、运输等全过程进行可溯性管理，确保产品的质量和安全。为农业生产和管理提供了重要的支持，还为企业提供了信息化、智能化的管理手段，及时发现和解决生产环节中的问题，减少质量问题带来的损失，提高农产品市场竞争力。

五、坚持绿色生态理念，实现可持续发展

山地农业绿色高质量发展对擦亮数字农业金字招牌意义重大。山地气候类型多样，是我国自然条件最为复杂的地区，也是边疆民族地区和发展滞后地区，生态环境建设任务艰巨。同时，山地雨水丰沛，垂直气候差异显著，是重要的绿色生态屏障和生物多样性宝库，利于发展各具特色的农业产业。加快山地农业生产数字化转型，减少对自然生态的破坏是山地农业持续稳定健康发展的必然道路；亦是保护山地生物多样性，挖掘特色农产品，满足人们日益增长的对美好生活的需要。

在山地数字农业产业培育和发展的过程中，始终把资源利用和生态保护放在更加突出的位置。一是提高资源利用率，做好水土保持工作。围绕山地农业最突出的水土资源配置不合理、水土流失严重、季节性干旱问题，开展大数据、生物、工程、农艺协同拦截技术的集成研究，推广应用高效节水灌溉技术，提高农业水土资源利用效率。利用一系列数字技术赋能绿色生产，对山地农业耕、种、管、收全过程提供指导，加强农业投入品数量和质量的管控，通过精准施肥等技术，坚持绿色生产，减少对土壤的破坏，提高土地综合生产能力。除此之外，还可以通过数字技术积极开展种养循环与废弃物资源化利用技术与模式、种养结合型农作模式、稻渔耦合生态模式的集成研究与示范或是构建区域立体生态农业模式，立体拦截消纳污染负荷。

二是加强生态保护，打造绿色的农业生产环境。加快农业生态环境预防监测网络工程建设，围绕环境保护和生态建设重点，采用数字化手段，利用各种监测预防设施，建立现代化的水环境、区域

生态与资源、地质灾害、大气灾害等多层次的综合性预防监测网络体系，做好前期的监测预防。在生产经营过程中，利用先进的设施设备，实现高标准的化肥、畜禽养殖碳排放，减少对环境的污染；高度重视养殖业与种植业的复合融合发展，适度规模化，切实管控好农业面源污染问题。除此之外，还可以加大对可再生能源的开发和利用，挖掘太阳能、风能、水能等可再生能源在支持山地数字农业发展方面的巨大潜力。

REFERENCES 参考文献

安军峰，2021. 2020年河北省县域数字农业农村发展水平评价分析［J］. 河北农业（8）：43-44.

陈雯，任妮，2021. 江苏省县域数字农业农村发展水平分析与思考［J］. 农业工程技术，41（27）：14-18. DOI：10. 16815/j. cnki. 11-5436/s. 2021. 27. 002.

陈轶丽，何晓，2023. 农业现代化进程中智慧农业发展困境与优化路径［J］. 农村. 农业. 农民（B版）（10）：10-13.

董晓芳，樊祥嘉，宋彩凤，2023. 我国数字农业生态效率测度及时空演进分析［J］. 统计理论与实践（8）：39. DOI：10. 13999/j. cnki. tjllysj. 2023. 08. 001.

董晓芳，徐金良，2022. 中国数字农业高质量发展水平的综合评价［J］. 现代农业研究，28（11）：11-15. DOI：10. 19704/j. cnki. xdnyyj. 2022. 11. 020.

杜剑，徐筱彧，杨杨，2023. 数字农业推动高质量发展的路径机制分析［J］. 贵州社会科学（6）：160-168. DOI：10. 13713/j. cnki. cssci. 2023. 06. 010.

韩佳伟，朱文颖，张博，等，2022. 装备与信息协同促进现代智慧农业发展研究［J］. 中国工程科学，24（1）：55-63.

何闪闪，王思秀，2023. 数字农业高质量发展：现状、影响因素及启示［J］. 统计理论与实践（5）：44-50. DOI：10. 13999/j. cnki. tjllysj. 2023. 05. 006.

李芳，2023. 中国式现代化背景下数字农业发展水平测度与空间区位分布［J］. 饲料研究，46（19）：186-192. DOI：10. 13557/j. cnki. issn1002-2813. 2023. 19. 037.

廖泰来，张秋红，2023. 乡村振兴背景下数字农业发展水平评价指标体系研

究 [J]. 现代商贸工业，44 (1)：19 - 21. DOI：10. 19311/j. cnki. 1672 -3198. 2023. 01. 006.

刘鹏凌，李想，尹路，等，2021. 安徽省农业高质量发展水平测度及障碍因子研究 [J]. 山西农业大学学报（社会科学版），20 (5)：21 - 28. DOI：10. 13842/j. cnki. issn1671 - 816X. 2021. 05. 003.

刘战伟，2023. 数字农业发展水平、区域差异及时空演变特征研究 [J]. 统计与决策，39 (20)：94 - 99. DOI：10. 13546/j. cnki. tjyjc. 2023. 20. 017.

卢方元，王肃坤，2022. 中国数字农业发展水平研究 [J]. 统计理论与实践 (3)：3 - 9.

陆健东，张向飞，王运圣，等，2021. 上海市县域数字农业农村发展水平评价工作研究 [J]. 上海农业学报，37 (3)：123 - 126. DOI：10. 15955/j. issn1000 - 3924. 2021. 03. 22.

马红梅，金碧君，罗陶，等，2023. 中国式现代化背景下西南山区数字农业发展研究 [J]. 中国工程科学，25 (4)：50 - 58.

马晓妮，李强，2023. 数字农业农村发展水平评价与时空差异分析 [J]. 新疆农垦经济 (1)：39 - 50.

慕娟，马立平，2021. 中国农业农村数字经济发展指数测度与区域差异 [J]. 华南农业大学学报（社会科学版），20 (4)：90 - 98.

沈剑波，王应宽，2019. 中国农业信息化水平评价指标体系研究 [J]. 农业工程学报，35 (24)：162 - 172.

宋珍，2023. 陕西省数字农业高质量发展水平综合评价研究 [J]. 乡村科技，14 (11)：26 - 29. DOI：10. 19345/j. cnki. 1674 - 7909. 2023. 11. 011.

王定祥，彭政钦，李伶俐，2023. 中国数字经济与农业融合发展水平测度与评价 [J]. 中国农村经济 (6)：48 - 71. DOI：10. 20077/j. cnki. 11 - 1262/f. 2023. 06. 004.

魏君英，戴浩，2022. 长江经济带数字农业发展水平与路径研究 [J]. 长江大学学报（社会科学版），45 (4)：74 - 83.

吴炳科，饶珠阳，廖勇，等，2021. 2020 广西县域数字农业农村发展水平评价 [J]. 广西农学报，36 (3)：60 - 66.

吴继成，单东林，杨晓文，等，2022. 规模化畜禽养殖场数字农业规划方案综合评价 [J]. 中国农机化学报，43 (1)：128 - 134，157. DOI：10. 13733/j. jcam. issn. 2095 - 5553. 2022. 01. 019.

吴晓柯，管孝锋，2020. 浙江省数字农业农村发展水平评价指标和模型研究［J］. 浙江农业科学，61（8）：1666－1669. DOI：10. 16178/j. issn. 0528－9017. 20200861.
王欣，李萍萍，2014. 我国北方地区农业信息化水平评价研究［J］. 情报科学，32（10）：75－79. DOI：10. 13833/j. cnki. is. 2014. 10. 048.
夏玉林，唐剑，2023. 乡村振兴背景下数字农业发展困境与战略研究［J］. 农业经济（5）：3－6.
肖艳，徐雪娇，孙庆峰，2022. 数字农业高质量发展评价指标体系构建及测度［J］. 农村经济（11）：19－26.
杨军鸽，王琴梅，2023. 数字技术与农业高质量发展：基于数字生产力的视角［J］. 山西财经大学学报，45（4）：47－63. DOI：10. 13781/j. cnki. 1007－9556. 2023. 04. 004.
杨晓明，宋双娥，2020. 山西省县域数字农业农村发展水平与建议［J］. 河南农业（34）：12－13. DOI：10. 15904/j. cnki. hnny. 2020. 34. 008.
易继承，罗治情，陈娉婷，等，2022. 数字乡村建设发展困境及路径优化研究［J］. 湖北农业科学，61（S1）：395－398. DOI：10. 14088/j. cnki. issn0439－8114. 2022. S1. 086.
杨念，王蔚宇，2022. 农业高质量发展评价指标体系构建与测度［J］. 统计与决策，38（19）：26－30. DOI：10. 13546/j. cnki. tjyjc. 2022. 19. 005.
张鸿，王浩然，李哲，2021. 乡村振兴背景下中国数字农业高质量发展水平测度：基于2015—2019年全国31个省市数据的分析［J］. 陕西师范大学学报（哲学社会科学版），50（3）：141－154. DOI：10. 15983/j. cnki. sxss. 2021. 0525.
钟文晶，罗必良，谢琳，2021. 数字农业发展的国际经验及其启示［J］. 改革（5）：64－75.
张志强，黄振兴，2023. 信阳市数字农业发展路径研究［J］. 农村. 农业. 农民（B版）（7）：23－25.
赵爽，赵丹丹，2022. 河北省数字农业高质量发展评价研究［J］. 农业与技术，42（18）：146－151. DOI：10. 19754/j. nyyjs. 20220930035.
张木子，张捷威，2023. 河南省数字农业高质量发展的问题与对策研究［J］. 农村经济与科技，34（21）：74－77.
郑康，郑月波，2023. 农业数字化转型发展的困境及路径探析［J］. 山西农经（18）：145 - 147. DOI：10. 16675/j. cnki. cn14 - 1065/f. 2023. 18. 045.

郑谦，赵超群，张梦瑶，2023. 基于FAHP的数字农业发展水平评价指标体系构建［J］. 牡丹江大学学报，32（1）：14 - 21＋36. DOI：10. 15907/j. cnki. 23 - 1450. 2023. 01. 009.

朱岩，田金强，刘宝平，等，2020. 数字农业：农业现代化发展的必由之路［M］. 北京：知识产权出版社.

杨丹，2020. 智慧农业实践［M］. 北京：人民邮电出版社.

肖艳，彭诗言，徐雪娇，2023. 数字农业高质量发展评价指标体系构建及路径选择［M］. 北京：人民出版社.

图书在版编目（CIP）数据

山地数字农业实践 / 崔晋波，查茜主编. -- 北京 ：中国农业出版社，2024. 7. -- ISBN 978-7-109-32198-4

Ⅰ. S284-39

中国国家版本馆 CIP 数据核字第 2024RY9878 号

中国农业出版社出版

地址：北京市朝阳区麦子店街 18 号楼

邮编：100125

责任编辑：丁瑞华　黄　宇

版式设计：王　晨　　责任校对：吴丽婷

印刷：中农印务有限公司

版次：2024 年 7 月第 1 版

印次：2024 年 7 月北京第 1 次印刷

发行：新华书店北京发行所

开本：880mm×1230mm　1/32

印张：4.5

字数：125 千字

定价：39.00 元